出版人
出版動力(集團)有限公司

業務總監
Vincent Yiu

行銷企劃
Lau Kee

廣告總監
Nicole Lam

市場經理
Raymond Tang

編輯
Valen Cheung

助理編輯
Zinnia Yeung

作者
出版動力集編輯部

美術設計
Mr. Hun

出版地點
香港

月租港幣一萬多
90後開餐廳半年就收支平衡

　　究竟開一間餐廳要幾多錢呢？唔好以為一搞餐廳就要過百萬，其實平有平搞，貴有貴搞。雖然現時的租金可以嚇怕很多人；但用心去找，一樣有機會搵到平租而適合開餐廳的地方。就好似本書中的其中一個例子，幾個廿幾歲DSE不合格的學生哥，合資20萬，以月租一萬左右的租金，就開了一間餐廳，而且半年就收支平衡。原來開一間餐廳，對於第一次創業的人來說，再也不是一件天方夜譚的事。

　　其實，你夢想中的餐廳，不見得就會有人想上門；開在人多的地方，也不代表一定會成功。如果你沒先搞清楚「市場需求」和「心中理想」的落差，很容易在開店的路途上走得跌跌撞撞。搞飲食的確不似做一般零售咁隨便，有很多細節你是需要去留意，所以本社便特別為香港人籌劃了一本由申請牌照到菜單製訂，專門教飲食開業的書。

　　明星開餐廳有資本，廚師開餐廳有廚藝；而你是百分百的外行人嗎？不用怕，本書為你提供批發商的資料及入貨批發價，還有基本爐具的介紹，更教你如何撰寫飲食業的計劃書，幫你向親朋好友及有關機構集資。翻閱本書，就是你在香港開餐廳的第一步！

Content

人人都可開廳餐

香港牌照申請

生財工具採購

Content

食品批發入貨

教你寫計劃書找投資者

菜單餐牌製作

Content

真實個案分析

人人都可
開廳餐

明星開餐廳
到底有多賺錢？

在香港，不少街邊小店若有幸盼得明星親臨，必定拉著明星來一波免費合影，日後張貼在櫥窗上做宣傳，以證實食品的品質，吸引食客。不過，追星一族若想「偶遇」自己的偶像，選擇去明星自家所開的餐廳，機會更大。許多明星除了自己的演藝工作之外，也有許多人經營副業。縱觀各類產業投資，餐飲業通常是明星投資副業的首選。據業內人士分析，明星投資餐飲業的原因，不外乎投資成本可控、資金回籠快、回報率高。由明星或名人打理的食店，令店舖更添「名氣」。不如你先去看看以下由明星開的美食店吧，或許會對你的開餐廳大計有什麼啟發呢！

左麟右李粥麵小菜專門店

有這兩位老闆的名氣，開業時餐廳必定能客似雲來。譚詠麟、李克勤對傳媒表示，時常帶家人來做「小白鼠」試菜，只為了令顧客可以吃到美食。

甜姨姨私房甜品

這甜品店老闆是事業、婚姻雙豐收的TVB當家小生陳豪。蔡少芬在博客上大力推薦過其榴槤豆腐花。有名星效應，只要出品好，不愁冇生意啦。

樂農

曾志偉和戚美珍為了協助殘疾人士就業，在灣仔成立香港第一家社會企業素食餐廳：樂農。餐廳的名字，「樂」指開心，「農」字呢，和「聾」諧音，而樂農也聘用不少聽障人士。

人人都可開廳餐

寧記麻辣火鍋

麻辣火鍋生意一直不俗，舒淇、陳小春等五人合股與台灣「寧記火鍋」合作，在九龍尖沙咀開了首間香港分店。電影《性感都市》和《洪興十三妹》就在這家火鍋店取景。

Alice Wild–Luscious

這裡除了古巨基親自操刀的創意甜點，店裏還售賣曲奇和馬卡龍。藍色與白色主調的店鋪，彷彿愛麗絲仙境，是個能夠安安靜靜坐下來好好嘆一嘆的地方。

鋒味 By Beyond Dessert

謝霆鋒的「鋒味 By Beyond Dessert」在中環開張時，店內只賣一款「甜酸苦辣」人生百味曲奇，由他親自操刀。現在月餅也有得賣了。

Baby cafe

Angelababy開的店，店名之所以叫「Baby cafe」，靈感是來源於電影《全球熱戀》，片中Baby飾演的「黃牡丹」打工的那家咖啡店就叫「Baby cafe」。

雲長小龍坎老火鍋

陳柏宇和朋友在銅鑼灣開特許經營的麻辣火鍋，源自重慶的小龍坎老火鍋，內地極具名氣，招牌麻辣湯底由成都直送，好多明星捧場！

OysterMine

黃宗澤2013年底，因為喜愛吃生蠔，斥資四百萬、花盡心血，於九龍城開了一間蠔吧OysterMine，一直走中高檔路線，成為圈中人的開餐蒲點。

90後DSE不合格
創業開餐廳半年收支平衡

　　大家可能以為明星開餐，有明星效應，一定好容易賺大錢。其實，許多餐飲業老闆一年到頭都會巡店監工，而明星則由於主業限制或無法實現，若不能找到一個可推心置腹的代理店長，那麼餐廳將很難成功經營。當老闆也並非是件容易的事，正所謂力不到不為財，其實即使是一個普通人，如果有相關經驗，肯親身落手落腳去做，開一間餐廳也不是一件天方夜譚的事。廿幾歲DSE不合格的學生哥，也可以做得到。而且，他們還開完一間又一間呢！

行行出狀元
DSE失敗從來都不是世界末日

如果以爬樹的能力來評斷一條魚，那麼魚會一輩子認為自己是大笨蛋！有幾個90後年青人，為了要實現自己的夢想，一同去銀行開了個聯名戶口，然後各自到便利店、零售業、餐飲業去裝備自己，把賺來的錢，存到聯名戶口，最後竟然存到幾十萬。經驗和現金也齊備，上足「彈藥」後，便齊齊辭去正職，實踐他們的餐廳夢。

他們第一間開的餐廳，以西餐形式為主，在西九龍中心開業。當時用了每月租金3萬元，加上按金及水電等雜費，開店的基成本已花20萬元。不過，西餐廳只短短經營了3個月，便要轉手頂讓了出去。第一次失手了，不

KLN Cafe四子的勵志事跡，已被香港很多報紙及傳媒報導過。在Youtube或Openrice網站，只要你輸入KLN Cafe，你便可以找到其他人去過那裡，試過他們出品的食評。

是自己做得不夠好；而是選錯了地區。因為該區街坊多是長者，消費力較低。雖然他們當時一個西式套餐，包飲品及甜品也只不過賣$45；但仍然比不上主力對手的$30蚊3餸飯。

賺了經驗沒有蝕本

只有堅持才能成功，信念至關重要，有了它才能有邁出第二步的勇氣。西九龍的餐廳頂讓後，沒有蝕本，更賺了經驗，更難得的，就是他們的創業之心不滅，後來再到香港各區看舖位，希望找租金更合理、更具消費力的辦公室集中地，更適合他們路線的西餐廳。結果，他們便找到觀塘駿業熟食市場，再戰江湖，名為KLN Cafe。

觀塘駿業熟食市場月租只約1.5萬元，租金比西九平一半之餘，再加上有了一次實戰經驗，所以在短短半年後，已達收支平衡，每月都有進帳。後來為了更上一層樓，餐廳開始拓展業務，包括到會、租場及與工作坊合作。

不管你是大明星或是中學生，開餐廳除了要本錢之外，就是要搞好牌照申請。民以食為天，餐飲的本質是良好的口味、適宜的價格、安全衛生和優秀的服務。接下來的環節，就由專家教你申請牌照的每一個步驟，以及經營的每個細節。

筆記欄

Free note

香港牌照申請

揭私房菜館
經營牌照秘密

　　銅鑼灣區似乎已成為私房菜的集中地，但原來早在10年前 Eric 已經在這裡經營起私房菜來。他的私房菜，買點主要不是在食物那裡，而是在裝修和佈置，最主要，還是一個偷偷摸摸的偷食「Feel」，很多人想食私房菜，其實不太在乎食物，老實講，食一次私房菜，動輒要$500-$1000元一位，這個價錢，去大酒店食都可以。人就是奇怪的動物，你要他們提早一個月訂菜，他們反而覺得矜貴。Eric 認為，食物一般都可以；但你要給他們VIP的感覺。

絕對有偷食「Feel」！

現在 Eric 已經沒有經營私房菜了，最主要的原因，不是他覺得沒有得做，而是他在幾年前，應父母要求，回加拿大定居。如果不是他沒有再經營，今次回港旅遊，也不會接受訪問，因為他之前的經營，是沒有申請任何牌照，甚至連會所牌也沒有，絕對有偷食「Feel」。

Eric的後母是法國人，他之前也住在加拿大魁北克，是一個很多法國人居住的地方，所以對法國菜略有認識(後來自製的菜式跟本和法國菜冇關，不過都給它一個法國名)。時代廣場、超市、街市就在左近，買料十分方便，所以客人能吃到的菜式保證新鮮、花款多，次次來都有新驚喜。最吸引客人慕名而來的，是Eric在加拿大跳蚤市場買回來的擺設，每件都有個故事，其中有一件說是英國貴族的珍品。

吃私房菜比到餐廳吃飯更拘束，未到十點，菜已上盡，全室燈火亮起，一舉一動都被人監視似的，想再坐一會也不好意思；但Eric總會說：「沒所謂喜歡玩到幾點就幾點！不過要「靜雞雞」！」還有一個賣點，Eric 會為客人做電腦資料記錄，方便構思新菜式，又可免重複吃同樣的菜，並會拍下部分菜式的照片，整理成檔案電郵給客人留念，相當體貼細心。最高時期，想試Eric的私房菜，要一個月前訂位，真的是好生意。

飲食會所：有牌私房攻略

　　雖然只是做熟客和熟客介紹來的生意；但上得山多終遇虎，難保你朋友的朋友再介紹而來的朋友，是有關當局的人士，在結帳時不但會付錢給你，還可能多給你一張告票，跟你算帳。有關當局，想發牌管制，其實也是想保障食客的安全，希望同業保持一定的衛生水準。食肆牌照，在批該各方面可能會比較嚴格，而且一般的食肆，通常都在地舖，門面裝修和租金都一定會比較貴。退而求其次，不如經營會所吧！在開業成本方面，可能會比較平宜一點，辦個會所牌，不要再偷偷摸摸地經營。

商業古惑仔

其實有很多人為求做生意，不停地
想出很多法律灰色的漏洞，據聞之前很
流行的網吧，倘若網吧所在的處所領有
食肆或會所牌照，則該等處所提供的消

防裝置及設備，例如灑水系統、火警感應系統、消防龍頭／喉轆系統、緊
急照明設備、手提滅火筒及逃生指示等，屬於發牌條件中的必要規定。消
防處會進行突擊檢查，確保該等處所遵照有關規定。至於在商業或住宅樓
宇的網吧，則不屬於食肆的發牌制度範圍，因此並無特定的消防規定。不
過，該等場所所在的樓宇，須設有符合其住用類別的《最低限度之消防裝
置及設備守則》所規定的消防裝置。

網吧無王管

行內人說，由於消防設施等要
求較嚴謹，通常網吧不會申請會所
牌照，其網吧亦只申領普通公司牌
照。他贊成消防條例要嚴格執行，
但擔心政府日後立法針對網吧時，

可能透過消防條例開刀，小型網吧大多難以負擔添置防火設施的費用，最
終面臨倒閉。由於政府沒有監管，一些網吧甚至連商業牌照也沒有，尤其
在新界區，例如大埔的街頭巷尾，曾經便有不少非法經營的網吧。這些網
吧經營成本極低，只需租約千呎單位，放置廿多部電腦便可「開檔」，也
不會花錢改善防火設備。國有國法，家有家規，其實做生意要跟足規矩，
這樣，又可保障到客人，又可保障到自己，何樂而不為？

新規管扼殺私房菜經營

政府建議加強規管「私房菜館」，雖然私房菜館新規管未經立例；但其建議絕對難為小本經營者，其中擬限制菜館每晚經營不能超過三小時，又不准菜館經營外賣，座位數目和經營模式均有嚴格要求。也許建議有助私房菜館繼續營業，因名正言順地有牌經營，這可能對旅遊業有好處，有專人監管，對食客也有保障；但新規管建議，絕對扼殺行業發展。

政府建議規管私房菜館10大條文

❶ 同一層樓不得開設多過一間私房菜館

❷ 同一大廈內每5層不得多於兩間房菜館

❸ 按單位大小限制座位數目

❹ 只可供應晚膳

❺ 每天營業不超過3小時

❻ 不得經營外賣

❼ 不准放置巨型冷藏櫃及重型設備，以免樓宇負荷過大

❽ 廚房要有防火牆及防火門，菜館內有適當防火設施

❾ 事先要得到城市規劃委員會和地政總署批准樓宇單位更改用途

❿ 事先要取得大廈業主立案法團或其他業主同意

業界對新規管的聲音

對於新規管，很多經營私房菜的人，也有不同的聲音

(因大部分店主要保持低調，所以全都不願意出鏡。意見不代表本社立場)

中環區 Kennith

經營私房菜館4年的Kennith，建議條文對業界不公平和不合理，影響業界經營，他認為，檢討現行食肆發牌制度已足夠，毋須專為私房菜館另立法規。每天營業不超過3小時是很難的，不要說想做兩輪客，如果只得3個小時，做一輪客都很難，有些客，會遲到，要等齊人才上菜已經遲了；而且很多客都想食得自在，飯後又想和朋友聊聊天，只得3個小時，怕飯吃完便要馬上送客了。

灣仔區 Mandy

Mandy批評，條文建議私房菜館須獲所處的大廈業主立案法團和業主同意才可經營；但法團會定期換屆，且沒有說明多少比例業主同意才可經營。另外，事先要得到城市規劃委員會和地政總署批准樓宇單位更改用途，這個也有點難度，因為我們只是租客，不是業主。其實有些條文是OK的，如廚房要有防火牆及防火門，菜館內有適當防火設施，甚至在選址方面，不選只在單梯樓宇等等。

銅鑼灣 王先生

王先生笑言：「如果個客覺得碗蛇羹好味，想打包拎走但又唔俾外賣，咁可以點呢？」很明白不准外賣是避免有人借法律漏洞，經營無牌食肆工場；但完全沒有得外賣，真的好像有點兒那個。其實「打包拎走」又算不算外賣，在這方面的條文，應該好好地定義一下，令到真正想做好私房菜的，有一個根據。

尖沙咀 Gary

對於按單位大小限制座位數目這問題比較憂慮，如果只限制在20人以內，這根本就沒法經營，因有很多公司的客戶，有時候會全間公司都試試私房菜，而有些往往過20人。也明白新規管不想菜館顧客在晚上影響住戶安寧；但來試私房菜的，多數是斯文客，很小醉酒鬧事。總言之，希望新規管能夠平衡業界和市民的需要。

申請會所牌照

全面睇

怎樣申請

根據《會社(房產安全)條例》(第376章)申請合格證明書

何為會所?

　　「會所」是任何法團或社團,其組成目的是為會員提供社交或康樂設施(不論是否牟利)。

　　以下範圍都在會所條例管制:

❶ 麻雀會所

❷ 卡拉OK會所

❸ 飲食會所

❹ 住客會所

❺ 宗教、專業、工商業聯會

❻ 運動、健身及國術會

❼ 消閒、影視及學術會

法例

當局制定《會社(房產安全)條例》，旨在設立一套証明書制度，規定某一會址的經營必須取得民政事務局局長所簽的合格証明書，以期確保當局就會址的樓宇安全、消防安全，以及衛生方面訂立的規定獲得遵循。

申請辦法

合格証明書的申請、續期和轉讓表格，可向各區民政事務署免費索取。

合格証明書的申請

凡設有會址的會所都必須在開業前取得民政事務局局長簽發的合格証明書。而有關房產必須符合現時在樓宇安全、消防安全，以及衛生方面訂立的規定，方會獲發合格証明書。

合格証明書的續期

合格証明書必須每年申請續期。合格証明書持有人必須在証明書有效期屆滿前不少於三個月申請續期。

合格証明書的轉讓

任何人若有意把合格証明書轉讓予他人，必須提出申請。假如遺失合格証明書，持有人必須向警方報失，並向牌照事務處申請經核為真實的合格証明書副本，才可申請轉讓。在轉讓合格証明書後，承讓人有責任遵守合格証明書的前任持有人(即轉讓人)所須遵守的各項條件。

其他

在一般的情況下，會所如在同一房產內有數個會址，可以遞交一份申請表格；但會所如在不同的地點設有若干個會址，則須分別就每一會址遞交申請表格。

罰則

根據《會社(房產安全)條例》的規定，任何人士經營、開設、管理或以其他方式控制會址：
1. 如並無持有合格証明書，一經定罪，可處罰款200,000元及監禁兩年，並可就罪行持續期間的每一天另處罰款20,000元
2. 如違反合格証明書所載的條件，一經定罪，可處罰款100,000元及監禁兩年，並可就罪行持續期間的每一天另處罰款10,000元

費用

合格申請會所牌照的收費，是按照會所的會址面積而定；而就証明書作任何修改、轉讓、批簽或增補等，均要付費用。

成功申請會所牌照備忘錄

※ 如果大廈公契或批約條款載有禁止處所作為會址及／或會址有關用途的規定，便不應該以該大廈作為選址（市民可向土地註冊處繳費索取有關公契或批約條款的副本）

※ 如所選處所屬於新界的鄉村式屋宇，則該處所必須符合《建築物條例（新界適用）條例》（第121章）所載的規定；及獲地政總署屬下的地政處發出合格證明書或不反對入住證明書

※ 牌照事務處一般不會發出合格證明書予位於下列地點的會址：
工業大廈
地庫第四層或以下
單梯樓宇的上層
違例建築物作緊急或通道用途的地方如隔火層和公眾地方
有廚房設施並直接位於幼兒中心、安老院或學校之下的會社

※ 核對及附交在下註明之全部所需文件：
會社合格證明書申請表正本連同副本一份
申請人如屬個別人士，其身份證影印本
如申請人屬公司，其商業登記證影印本
會社的章程及公司組織章程／公司組織大綱影印本（如適用）
會社的商業登記證影印本（如適用）
會址的詳細圖則三份，以使用十進制單位和符合比例（但比例不得小於1:100）的圖則為合；而圖則必須顯視合格證明書涵蓋範圍的界線

民政事務諮詢服務中心

如對會所牌照表格有進一步的疑問，可到各區民政事務諮詢服務中心查詢。

諮詢服務中心	地址	電話號碼
中央電話諮詢中心	民政事務總署	2835 2500
中西區	香港中環統一碼頭道38號海港政府大樓地下	2852 3002
東區	香港西灣河太安街29號東區法院大樓地下	2886 6531
南區	香港香港仔海傍道3號逸港居地下	2814 5720
灣仔	香港灣仔柯布連道2號地下	2575 2477
九龍城	九龍紅磡德豐街18-22號海濱廣場一座17樓1707室	2621 3401
觀塘	九龍觀塘同仁街6號觀塘政府合署地庫	2342 3431
深水埗	九龍深水埗長沙灣道303號長沙灣政府合署地下	2728 0781
黃大仙	九龍黃大仙龍翔道138號龍翔辦公大樓2樓201室	2322 9701
油尖旺	九龍旺角聯運街30號旺角政府合署地下	2399 2111
長洲(離島)	長洲新興街22號地下	2981 1060
梅窩(離島)	大嶼山梅窩銀鑛灣路2號梅窩政府合署地下	2984 7231
東涌(離島)	大嶼山東涌美東街6號東涌郵政局大廈1樓	2109 4953
葵青	新界葵涌興芳路166-174號葵興政府合署2樓	2425 4602
北區	新界粉嶺璧峰道3號北區政府合署地下	2683 2913
將軍澳(西貢)	將軍澳景林邨景林鄰里社區中心1樓	2701 3218
沙田	新界沙田上禾輋路1號沙田政府合署地下	2606 5456
大埔	新界大埔汀角路1號大埔政府合署地下	2654 1262
荃灣	新界荃灣青山道174-208號荃灣地鐵站多層停車場1樓	2492 5096
屯門	新界屯門屯喜路1號屯門政府合署2樓	2451 1151
元朗	新界元朗青山道269號元朗民政事務處大廈地下	2474 0324

專家教你
申請飲食牌照

　　不熟悉發牌程序，所要花的時間和金錢，可能貴過你認真地找一個飲食出牌顧問幫幫手。打開報紙的分類廣告，你都會找到很多飲食出牌顧問的聯絡資料；但收費方面又如何呢？以一間200呎的舖來說，顧問費太概一萬元起收費會因舖面大小而有所調整)。有專人在裝修方面提供專業意見及代辦牌照，由頭到尾，從畫圖則、找電工，甚至去見政府官員都有人陪，用少少錢，都OK啦！岑先生在飲食出牌這一行工作了三年，有很多親戚朋友的食店也是他一手包辦牌照申請，在這裡，就讓岑先生過我們兩招，告訴我們一些特別要注意的地方和飲食出牌的程序，待創業者有所參考。

食肆頂舖做好唔好？

申請牌照的確不是想像中那般簡單，所以岑先生說，如果不想僱用和他們一樣的出牌顧問，又不想自己由頭搞起，選擇一些本來也是做飲食或前身曾做過飲食的現成舖就最理想。現成合格裝修，慳很多工夫；但岑先生說，一定要注意的，是舖主在取得牌照後，有否更改過裝修，以至與政府的記錄不符，這個問題，你可以要求舖主出示食環署發給他們的「批准圖則」核對，不然，要再花錢改，或到時再找出牌顧問，就得不償失了。

普通食肆牌 vs 小食食肆牌

❶ 普通食肆牌照

這類牌照准許持牌人烹製及售賣任何種類的食物，供顧客在食肆內食用。

❷ 小食食肆牌照

這類牌照只准持牌人烹製及售賣某些所載的其中一、或兩類食物，供顧客在食肆內食用。由於小食食肆牌照規定只能烹製有限種類的食物，因此，就食物室(即廚房、食物配製室及碗碟洗滌室)的最低限度面積而言，這類食肆的發牌條件，不及普通食肆的嚴格。

小食食肆獲准烹製及售賣的食物一覽表

持牌小食食肆只准烹製及售賣下列其中一類食物，供顧客在食肆內食用：

甲類

(1) 用肉類、雜臟、魚或海產食物烹製的湯麵 / 湯米

(2) 上湯雲吞及上湯水餃

(3) 油菜

+特定小食，如魚旦、燒賣等；但食物必需是預製的，並由持牌供應商供應；在小食食肆內透過簡單的加熱或翻熱後售賣

或乙類

(1) 用肉類、雜臟、雞鴨、魚、海產食物或田雞烹製的粥品。

+特定小食，如魚旦、燒賣等；但食物必需是預製的，並由持牌供應商供應；在小食食肆內透過簡單的加熱或翻熱後售賣

或丙類(下列16項的任何組合)

(1) 麵包、蛋糕及餅乾

(2) 多士，包括西多士

(3) 三文治

(4) 克戟、班戟及蛋奶格子餅

(5) 燕麥片粥及即食麥片

(6) 點心(不准烘焙點心，但可用電保暖器將點心保溫)

(7) 蛋(煮蛋、水煮荷包蛋、煎蛋或炒蛋)

(8) 火腿、醃肉、香腸、罐頭肉類及罐頭魚類

(9) 湯類(用罐頭湯或湯粉烹製而成)

(10) 用罐頭湯或湯粉烹製的通心粉/意大利粉

(11) 茶、咖啡、可可或任何在預製的液體或粉末加水沖調而成的不含酒精飲品

(12) 熱狗

(13) 冷盤(由預先煮熟的肉類拼成，在食肆內冷食)及雜菜／雜果沙律

(14) 漢堡包(用預製的漢堡包肉製成， 漢堡包肉須由持牌食物製造廠或認可的來源供應)

(15) 罐裝喱或用喱粉製成的喱

(16) 用包內預製的伴湯料烹煮的即食麵／米粉

+特定小食，如魚旦、燒賣等；但食物必需是預製的，並由持牌供應商供應；在小食食肆內透過簡單的加熱或翻熱後售賣

或丁類(下列9項的任何組合)

(1) 麵包、蛋糕及餅乾

(2) 多士(西多士除外)

(3) 不需烹煮或煎炸的三文治

(4) 腸卷及其他以預先煮好的肉類做餡的點心(不准烘焙點心，但可用加熱爐將預先烘熟的肉餡餅加熱)

(5) 煮蛋

(6) 茶、咖啡、可可或任何在預製的液體或粉末加水沖調而成的不含酒精飲品

(7) 熱狗

(8) 冷盤(預先煮熟的燒雞及烤肉，在食肆內冷食)

(9) 蛋奶格子餅

+特定小食，如魚旦、燒賣等；但食物必需是預製的，並由持牌供應商供應；在小食食肆內透過簡單的加熱或翻熱後售賣

或戊類(下列6項的任何組合)

(1) 糖水(由持牌供應商預製及供應)

(2) 燉蛋

(3) 罐裝喱或用喱粉製成的喱

(4) 豆腐花(必須是預製的)

(5) 茶、咖啡、可可或任何在預製的液體或粉末加水沖調而成的不含酒精飲品

(6) 甜品(必須是預製的)

+特定小食，如魚旦、燒賣等；但食物必需是預製的，並由持牌供應商供應；在小食食肆內透過簡單的加熱或翻熱後售賣

教你成功申請食牌過3關

據岑先生表示，食店的牌照費並不多，如果是小小的舖，就更平宜(200-300呎的舖，約 $6,000左右)，因為牌費是因舖的大小而定；但要成功地得到牌照，裝修方面就要符合3署的要求(食環署/屋宇署/消防署)，要過這3關，在衛生、通風、屋宇結構和防火的要求都要做到足，當中的裝修費才是錢。食物房要多大、去水位要怎樣安排、防火牆和廁所的面積都有規定，如果未計劃好就隨便裝修，不管裝修得怎樣美輪美奐，若不合要求，始終都要改裝，白花錢。

臨時牌照要申請

由於裝修至正式發牌，可能要幾個月，甚至半年以上(因可能要不斷改動為了配合要求)，所以在申請正式牌時，應同時申請臨時牌照，以便可以一面做生意，一面等待正式的牌照。臨時牌照有效期為6個月，申請時需要找通風判頭、消防判頭和則師等簽發共4張不同的証明書，再把証明書交到有關部門就可以了。要注意的是，臨時牌照是不設續期的，如到期還未得到正式牌照，就可能要無牌經營了。

搵食工具

很多廚房爐具都可以九龍城、旺角的上海街或香港上環的急庇利街都可以很容易找到。如果想慳點錢，可買二手貨，在那些舖都有二手。不管新或二手，要留意的，還是要看食環署的要求。比方說，食環署規定舖面的煮食位，不能使用明火煤氣煮食，所以買爐具要用買電。

小食食肆正式牌照
標準發牌條件

1. 鋪面及廚房設計
1.1 圖則

(1) 在獲簽發牌照或獲批准更改設計或獲批准安裝通風系統之前，申請人須將每一款圖則一式三份提交發牌當局批准；圖則須以十進制單位按比例繪製，並顯示樓宇及所裝設的通風系統的最終設計。

(2) 除發牌當局規定作出的更改外，樓宇設計必須與提交發牌當局批准的圖則完全一致。

(3) 每份圖則均須由申請人簽署，以證明正確。

建議設計圖則須顯示什麼？

ⓐ 用作烹煮、製備或處理食物的地方

ⓑ 用作儲存任何種類的無遮蓋食物的地方

ⓒ 用作上菜給顧客的地方

ⓓ 用作將食具清潔、消毒、弄乾及貯存的地方

ⓔ 衛生及排水裝置

ⓕ 衣帽間、走廊及露天地方

ⓖ 所有出入口通道及內部通道

ⓗ 所有窗口、通風管道或機械通風設備

ⓘ 所有大型固定設備的位置，包括食物製造機及烹製機、煮食爐、消毒器、洗碗碟機、冷藏器及冷卻器、固定的餐具櫃、洗手盆及洗滌盆、晾乾架及水箱

ⓙ 廢物儲存及處理設施

ⓚ 註明所使用的燃料類別。若使用液體燃料，應在設計圖則上標明燃料箱的位置及容量

ⓛ 應顯示加高地台的範圍

注意！申請人無須為履行此項發牌條件而聘用專業人士繪製圖則。但如進行樓宇結構或渠道方面的改建工程，則送交建築事務監督的圖則，須由認可人士或註冊結構工程師呈遞。如與申請書一併遞交的原來圖則有任何修改，則須將修訂圖則一式三份重新提交發牌當局覆核。

注意！這類圖則須以十進制單位按比例(不少於1：100)繪製

建議設計圖樣本

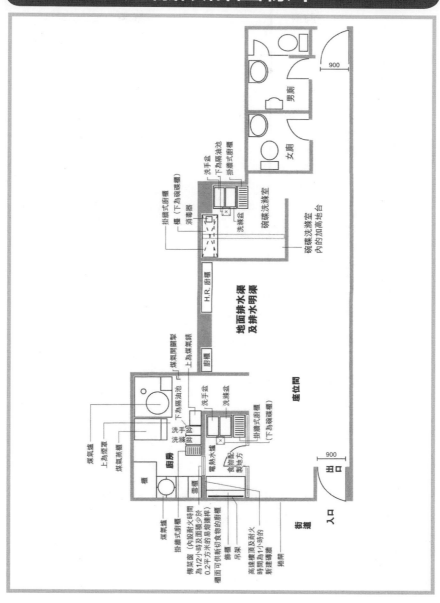

2. 食物室

2.1 食物室面積

必須撥出最少(註明數目)平方米的地方作廚房、食物配製室及碗碟洗滌室用途。

2.2 樓面、牆壁及樓頂

(1) 每個廚房、食物配製室及碗碟洗滌室的樓面,均須鋪上光滑而不吸水的淺色物料或磚片(有防滑表面的瓷磚是另一種可獲接納的物料), 而樓面須向排水渠口傾斜。

(2) 每個廚房、食物配製室及碗碟洗滌室內的牆壁或間隔牆表面,必須鋪上光滑而不吸水的淺色物料或磚片, 至最少2米高。牆腳與樓面連接處須填成一凹圓線(即須圓滑)。牆壁其餘表面及樓頂,均須髹上淺色灰水或油漆。

注意!酒吧或水吧範圍內只供應飲品而並非作配製食物用途的地方,可獲豁免遵守「淺色」的規定。倘對廚房、食物配製室及碗碟洗滌室的牆壁、樓面及樓頂須使用「淺色」的規定有任何疑問,可將色板提交發牌當局批准。色板在與20%網點比色膠片比較時,如濃度不深過「淺灰色」,通常都符合這項規定。

2.3 食物室圍牆

食物室包括廚房、食物配製室及碗碟洗滌室。廚房須以固定圍牆與樓宇其餘部分分隔，而圍牆須高達樓頂。至於

其他食物室，則須設有至少1 米高的固定圍牆或上菜櫃檯，以便將這些食物室與樓宇其餘部分分隔。倘廚房、食物配製室及碗碟洗滌室設在同一房間，則須以高達樓頂的固定圍牆，將該房間與樓宇其餘部分分隔。

2.4 舖面食物配製室

食肆舖面的食物配製室，須符合下列條件：

(a) 須用磚或其他堅固不吸水物料建造，位置須固定，高度不得低於750 毫米

(b) 在上文(a)段所述的磚構建物之上，須安裝固定的玻璃間板，直達樓頂，將食物配製室與前面的街道及側面的座位間或通道隔開。在側面的玻璃間板，須沿食物櫃的最前部分安裝牢固，長度最少為1.2 米

(c) 必須設有防塵及防蠅的飾櫃食櫥，以存放食物。

3. 衛生設施

3.1 衛生裝置

必須在(註明位置)設置男性用水廁(註明數目)個及沖水尿廁(註明數目)個;以及女性用水廁(註明數目)個。凡輸送井水作沖廁用的供水管,均須鬆上黑色。男廁與女廁必須分隔,並須有不同入口。

(注意: (1) 每段500 毫米長的尿槽,可視作尿廁一個,而每個間格式或斗式尿廁的淨寬, 不得小於500毫米。

(2) 水廁廁格的內部面積,不得小於1200毫米 × 700毫米。

(3) 每個尿廁前面須有至少500毫米 × 500毫米的地方,供使用者站立。如設置間格式尿廁,則有關間格的內部面積,不得小於1 000毫米(長)× 500毫米(闊)。

3.2 洗手設施

必須在(註明位置)設置以光面陶或其他認可材料製造的洗手盆(註明數目)個,長度至少350 毫米(由盆頂的內緣起量度)。每個洗手盆均須與自來水管或發牌當局認可的其他水源連接,並裝有廢水管,連接至適當的排水系統。

4. 通風設施(包括抽除油煙/廢氣的設施)

4.1 機械通風設施

假如樓宇的天然通風設施不足(即通往露天地方的通風口及窗口所佔面積不及樓面面積十分之一)， 即須安裝通風系統，以確保在樓宇預計容納的人數限度內， 每人每小時可獲供應至少17立方米室外空氣。機械通風系統的輸氣量如超過每秒鐘1立方米，或供樓宇內多個隔火間使用， 則須裝設由煙霧偵測器操控的自動斷路裝置。

(注意：持牌人如欲自動安裝通風系統，亦須遵守同樣規定。)

4.2 通風系統的設計

通風系統必須符合表列樓宇通風設施規例(第132 章)第4(1)條的規定。

4.3 井水

空氣調節系統所用的井水，必須流動於封閉式循環系統內所有輸送井水的喉管，均須髹上黑色。

4.4 抽氣扇及吹氣扇

須安裝抽氣扇及吹氣扇，安裝位置、數量及輸氣量如下：

(a) 在(註明位置)安裝輸氣量每分鐘(註明數目)立方米的抽氣扇(註明數目)具。

(b) 在(註明位置)安裝輸氣量每分鐘(註明數目)立方米的吹氣扇(註明數目)具。

4.5 抽氣扇所排出的廢氣

所有在樓宇內安裝的抽氣扇，均須於距離地面或路面至少2.5米高的地方，將廢氣排出戶外，但不得造成滋擾。

4.6 廚房/食物配製室內的吹氣扇

廚房/食物配製室須裝設吹氣扇,並附有氣槽,以抽取室外的新鮮空氣。

4.7 吹氣扇的位置

所有在樓宇內安裝的吹氣扇,均須從戶外離地面或路面最少2.5米高的地方,抽取新鮮空氣,但不得造成滋擾。新鮮空氣入口與廢氣出口不得過於接近,以防廢氣倒流。

4.8 金屬抽油煙機

(1) 廚房及食物室內所有爐具的上方, 均須設置抽油煙機,與氣槽妥為連接, 而氣槽則須配有輸氣量每分鐘至少(註明數目)立方米的抽氣扇一具。廢氣則應以下列其中一種方法處理:

(a)先經濾油器及如灑水器和靜電除塵器等空氣污染控制設備(倘發牌當局有所規定),然後排出戶外;排出的方式及位置, 不得造成滋擾; 或(b)經天台排到戶外, 但不得造成滋擾。

(2) 上述裝置須領有裝設在表列樓宇的通風系統符合規格通知書,該通知書由消防處處長簽發。

4.9 獨立煙囪

如以固體燃料或柴油作烹煮用, 則必須在外牆建造一個獨立煙囪,位置最好在樓宇的後部。

　　注意!建造煙囪前,必須先獲建築事務監督及環境保護署署長批准,而申請人須自行申請這項批准。食肆牌照的簽發,並不使持牌人獲得豁免,使其無須遵守環境保護署(環保署)所訂明的環境規定。在多項環境規定之中,有很多項特別與食肆有關,其中空氣污染等也有關,所以在安裝吹氣扇、煙囪及有關排出廢氣的問題,可到環境保護署「一站式」牌照服務辦事處查詢。

環境保護署「一站式」牌照服務辦事處

九龍 / 新界東
九龍九龍灣臨樂街19號南豐商業中心5樓
電話：2755 5518
管轄地區：觀塘、黃大仙、西貢

香港島
香港魚涌海灣街1號華懋交易廣場2樓
電話：2516 1718
管轄地區：東區、南區、中西區、灣仔

新界西
新界荃灣青山公路455-457號華懋荃灣廣場7樓
電話：2411 9621
管轄地區：屯門、元朗

新界北
新界沙田鄉事會路新城市中央廣場第一座11樓1101-1110室
電話：2634 3800
管轄地區：沙田、大埔、北區

市區東
新界荃灣西樓角道222-224號豪輝商業中心第2座UG01-02室
電話：2402 5200
管轄地區：九龍城、油尖旺、深水埗

市區西及離島
新界荃灣西樓角道38號荃灣政府合署8樓
電話：2417 6084
管轄地區：葵青、荃灣、離島

其他「一站式」牌照服務辦事處

修頓中心辦事處
香港灣仔軒尼詩道130號修頓中心28樓
電話：2573 7746

稅務大樓辦事處
香港灣仔告士打道5號稅務大樓33樓
電話：2824 3773

環貿商業中心辦事處
九龍觀塘海濱道123號環貿商業中心COL大廈10樓1001-1003室
電話：2755 3480

5. 渠道

5.1 隔油池

必須設置一個或多個隔油池，以防止油脂流入排水渠或污水渠內。(請參閱隨附的簡圖。)

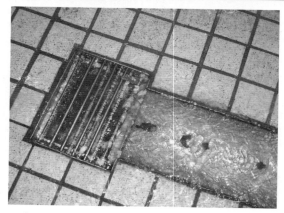

注意！設置地底隔油池前，須先獲得建築事務監督批准；申請人須自行申請這項批准。

5.2 食物室及座位間的沙井及排水管

(1) 任何食物室(包括廚房、食物配製室及碗碟洗滌室)內均不得設有沙井。設於座位間的沙井，必須有雙重密封的蓋。

注意！食物室內如有任何沙井，有關沙井必須遷移。遷移沙井屬更改渠道工程，須獲得建築事務監督批准才可進行。申請人須自行申請這項批准。

(2) 食物室或座位間的糞管 / 廢水管 / 雨水管，必須用套管密封，套管須用發牌當局認可的不透水防銹物料*製造，且須附有適當的檢驗孔。(*附註： 例如1.6毫米厚的不銹鋼片，或115毫米厚而外邊鋪有灰泥的磚砌物，通常都可獲得發牌當局接納。)

6. 其他設施

6.1 食水供應

除非發牌當局批准使用其他水源，否則必須在樓宇內裝設自來水喉。

6.2 碗碟洗滌室

須在(註明位置)設置以光面陶、不銹金屬或其他認可物料製造的洗滌盆(註明數量)個，長度最少450毫米(由盆頂的內緣起量度)。每個洗滌盆須連接至自來水喉或發牌當局認可的水源，且配有連接至適當排水系統的廢水管。每個洗滌盆都須設有瀉水板。

6.3 消毒設備

須在(註明位置)設置容量不小於23公升的消毒器(註明數量)個，以便將所有在烹製食物或飲食時所使用的陶瓷器、玻璃器皿或其他用具消毒，且須備有穿孔金屬托盤或鐵絲網狀隔水托盤，以盛載正在消毒的器皿用具。若不使用消毒器，可用洗碗機或殺菌劑代替。洗碗機或殺菌劑的種類，必須獲發牌當局認可。

6.4 洗滌及消毒設備的擺放

如未有設置洗碗機，則食物室內用以把飲食器皿洗滌及消毒的一切設備，其擺放方式及位置，須以發牌當局感滿意為合。

6.5 存放飲食用具

須設置足夠的碗碟櫃，以存放食物業務上所使用的烹調用具、飲食器皿及刀叉。
注意！發牌當局建議食物室範圍內每1 平方米應有0.02立方米的空間，撥作放置碗碟櫃之用。食物室範圍是指廚房、食物配製室及碗碟洗滌室。

6.6 食物配製檯

用以配製食物的檯面，必須以接口緊密的硬木或其他不透水物料製造。

6.7 砧板

須設置平滑、接口緊密而無裂縫的硬木砧板或長檯，以便斬切食物。

6.8 雪櫃

必須設置雪櫃(註明數目)個，以不高過攝氏10度的溫度，貯存所有容易腐壞的食物。每個雪櫃都須設有溫度計，顯示櫃內的溫度。

6.9 櫃檯

櫃檯須用磚或其他堅固不透水物料建造，其位置須固定。櫃檯的上面及向食物配製／碗碟洗滌地方的側面，均須鋪上不透水物料。

6.10 架子及擱板

必須設置足夠的架子及擱板，存放烹調用具，以免這類用具接觸地面／樓面。

6.11 食物升降機

(1) 如果食店內有食物升降機，必須整部以不透水金屬製造，且須方便清理。所有擱板都必須能夠拆除。用以運送食物及潔淨碗具的食物升降機或升降機機格的外面，須附有下列中文字樣，字體的高度最少為50毫米：食物及潔淨碗具專用

用以運送不潔碗具的食物升降機或升降機機格的外面，亦須同樣附有下列中文字樣，字體的高度最少為50 毫米：不潔碗具專用

(2) 若只裝設一部只有一格的食物升降機，則
(i) 升降機只限用作運送食物及潔淨碗具；或
(ii) 須將該格一分為二，上格存放食物及潔淨碗具，下格則存放殘羹及不潔碗具。

7. 證明書

7.1 通風系統證明書

安裝通風系統(包括空氣調節系統)前，必須先向有關的供應商索取一份通風系統證明書，然後交予發牌當局。證明書須詳列公眾衛生及市政條例(第132章)第94條所要求提供的資料。

7.2 消防證書

申領小食食肆牌照的樓宇，必須向消防處處長申領消防證書。

7.3 機械通風系統符合規定通知書

申領小食食肆牌照的樓宇，必須就樓宇內裝設的機械通風系統向消防處處長申領符合規定通知書。

7.4 電力裝置證明書

新的固定電力裝置安裝妥當後，必須經由已向機電工程署署長註冊的電氣技工／承辦商檢查、測試及證明，並須將完工證明書(表格WR1)正本或副本乙份送交發牌當局，以證實符合有關規定。至於現有的電力裝置，則須提交一份經機電工程署署長批簽的定期測試證明書(表格WR2)，以代替所需的表格WR1。

7.5 氣體裝置檢查證明書

擬進行的氣體裝置安裝／試行操作工程，須經註冊氣體工程承辦商檢查，並證明工程符合各項氣體安全規例及守則。申請人須向有關的承辦商索取一份由其正式簽署及蓋印的符合規格證明書，然後交予發牌當局。

7.6 氣體裝置及設備安裝證明書

所有氣體裝置及設備的安裝工作，必須由註冊氣體工程承辦商負責，並須符合各項氣體安全規例及守則。在安裝工作完成後，申請人須向有關的承辦商索取一份由其正式簽署及蓋印的完工證明書，然後交予發牌當局。

食肆牌照申請流程圖

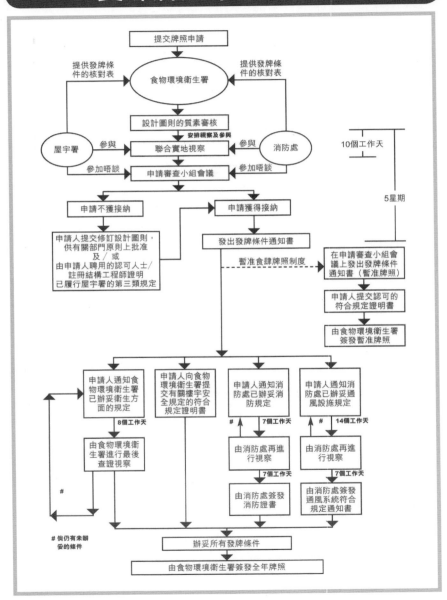

食肆牌照申請Check List

應辦事項

✓ 應揀選根據入伙紙及政府土地契約指定作經營食肆業務的處所

✓ 應揀選沒有違例建築工程的處所(可參照核准建築圖則)

✓ 應最好揀選實用樓面面積不少於30 平方米的處所作普通食肆，以及不少於20 平方米的處所作小食食肆

✓ 應揀選樓面有足夠負荷量的處所

✓ 應揀選有足夠走火通道的處所

✓ 應揀選有自來食水供應、沖水廁所及妥善排水系統的處所。

✓ 應揀選可以在廚房、廁所及座位間裝設獨立通風系統的處所。

✓ 應將擬申領食肆牌照的處所的設計圖則及空氣調節 / 通風系統的設計圖則各一式三份，

✓ 連同申請書一併送交有關的牌照組；設計圖則應以十進制單位按比例(不少於1：100)繪製。

✓ 應參考有關條例中，在排水、防止空氣污染及噪音管制等方面須

✓ 應若須進行大規模的改建或加建工程，或對上述某項規定並不熟悉，聘用一名認可人士或註冊結構工程師。

不應辦事項

✗ 不應揀選位於工業大廈內的處所。

✗ 不應揀選位於樓上指定作住宅用途的處所。

✗ 不應揀選位於第四層地庫或以下的處所。

✗ 不應揀選位於指定作緊急情況時使用的地方的處所。

✗ 不應揀選直接位於註冊學校、幼兒中心或安老院下一層的處所，以免對該等設施構成火警威脅。

✗ 不應揀選只有一道樓梯的大廈的上層單位。

✗ 不應計劃使用設有沙井或糞管/污水管及雨水管的地方作為廚房、食物配製室及碗碟洗滌室。

✗ 不應在申請審查小組尚未核准牌照申請前，動工修葺或裝修有關處所。

✗ 不應對已獲申請審查小組核准的建議設計圖則作不必要的修改。任何改動都會阻延處理申請的工作。

✗ 不應在未獲發牌當局簽發牌照前，開始營業。

✗ 不應對其他政府部門，例如屋宇署、消防處、機電工程署及環境保護署等所訂的規定，置諸不理(即使已獲發牌當局發出牌照)。

✗ 注意事項根據防止賄賂條例的規定，任何人士向政府人員提供利益，即屬違法。

筆記欄

Free note

Free note

生財工具
採購

飲食用品供應商
教你開間茶餐廳

開一家茶餐廳不只是要找到好地點、設計到吸引人的好餐牌便足夠。
大如餐廳裝修、座位安排，小如要入幾多牙簽、幾多個紙杯等細微事，沒
有一樣不需要留神。要一個從沒有經驗的茶餐廳生手，茫茫然的便開舖，
很多細微事恐怕便會忽略掉，所以今次便請來看盡飲食業數十年變化的飲
食用品供應商，生昌文具紙行的負責人蘇先生，給打算開業當茶餐廳老闆
的朋友一點建議和提示，也好讓各位生手多了解這個看似簡單的小本經營
是否真如想像中簡單。

由大酒店到小餐廳
你都要準備外賣盒

生昌文具紙行在飲食業用品供應行內已有五、六十年資歷，由現在的負責人蘇先生的祖父那代開始，一直經營各式文具紙品如麻雀紙、花餅紙、保鮮紙等。其中跟飲食業有關的產品以一次性飲食用品為主，包括餐巾、牙籤、飲管、膠叉、木筷子、紙杯、飯盒、膠杯等用具，除餐具外，連無煙即棄燒烤爐也代理埋，邊個夠佢玩呀！在飲食行已打滾了多年的蘇先生，可謂見盡這行的不同狀況，對於想開茶餐廳的生手，也有一些意見。

入貨看人流

貨品數量預算要因應人流而調整。入貨前，最先要考量的便是店舖地點的人流。

可存貨的面積

要留意店內廚房、水吧和儲存倉的可用面積和儲放貨品的地方是否足夠。

補貨要預早

如果是做外賣為主的茶餐廳，一次性的飲食用具消耗品會用得特別快。要預計出貨時間需時約兩天，而星期日多不會送貨，若遇上接近假期的時間，更要早點訂貨才穩陣。

生財工具採購

留意入貨項目

茶餐廳食品選擇眾多,所需食具和器皿也有所分別,在預訂飲食用具前,要考慮清楚自家的食品種類,例如是粉麵還是飯類為主?如果是粉麵,需要較多的膠湯碗,而飯類則要多訂點發泡膠飯盒才適合。再來便是經營重點,究竟是以外賣還是堂食為主?所需的用具也會有頗大分別。

開業的一次性飲食用品預算例子

茶餐廳規模:約十至二十張台

有做外賣柯打初開業預算:
$2000-4000

所需基本用品包括

發泡膠飯盒數量:500個

外賣用背心膠袋數量:1000個

飲管數量:1箱(20-30包裝,
每包有飲管144支)

冷熱飲用紙杯數量:1箱

包裝好餐具數量:1箱

餐紙數量:1箱(由3000張至
10000張不等,按厚度)

提早準備有著數

除了飯盒和餐具等，蘇先生也提醒在籌備時，另要留意以下的基本一次性用品，包括柯打紙和電腦紙、感熱紙等，這些紙張用品每天的消耗也很快，所以要留意數量，在用量還剩差不多有一兩天的餘貨時，便要訂定新貨。

籌備時間安排

印刷類的用品，如膠袋和餐牌等，要在正式開業前二個月便要開始籌備。尤其是餐牌，由稿件至排版設計都需要不停修改和更新，所以早點籌備較妥當。

特殊狀況小提示

雖說入貨要預準數目，但初開業總會有不太熟悉情況的意外。蘇先生提供了幾個貼士，給遇到突發情況時救急的。

❶ 如果膠袋或飯盒等用得差不多，但又來不及補貨時，可到傳統街市附近找找膠袋、飯盒的散裝零售。

❷ 如果店舖沒地方儲貨又想一次過多訂點貨時，可以叫供應商先送一半貨，到隔日才把剩下的送來，便不用擔心來不及訂貨，又可省存放地方。

開茶餐廳　老行尊的忠告

現時蘇先公司每月成交量約百多萬，客路廣泛，大如酒店、高級餐廳、日本料理，甚至連鎖飲食集團如美心、東海堂和名古屋等，小如茶餐廳、大牌檔等都是其顧客。總的來說，蘇先生覺得現時飲食業不是沒得做，但他反而看好需要人手和資源較少的快餐業；而如果真想要經營茶餐廳的話，要留意租金和人流的因素，不過最重要還是控制水吧和廚房的出品，有好品質才能維持長遠客路。

有預算要捱租金

打定主意要開茶餐廳，蘇先生提醒大家開店要留意的細項有很多，租金是最重要的問題。要真有信心和能力捱得過租金這關，才好考慮開茶餐廳。

留意季節

留意季節、天氣和顧客需求的改變，如夏天做飲品、甜品店、果汁等；冬天則可賣糖水，這等成本低，又能賣好價錢的食品可以選擇。

留意潮流

要掌握顧客的口味，便不可固步自封，不時要留意市面流行的新口味和食物品種，如潮流興泰菜，便可考慮作為基本餐牌以外的新意思。才能吸引顧客。

爐具買賣攻略

　　筆者走訪了數個做過年宵快餐檔的檔主，其中一個檔主，竟然是完全沒有飲食行業的經驗。他說怕什麼？在年宵做食其實和做一般的零售類似，也是一買一賣。現在的食品及飲品供應商很易溝通，知你投到檔做年宵，一定供貨給你。在年宵的食品又很容易烹調，所以什麼也不怕；但最令他頭痛的，就是爐具的問題。最初他不知在那裡找尋合適的爐具，後來找到了，卻又不知爐具用完後怎樣處置。因為大部份的爐具都是沒有得租的，而他又沒有一間食店在背後支持，想借用都不可能。最後，他就全部都是買二手的爐具，年宵過後，就把用完的爐具賣回店舖。這和租，跟本沒有分別，所以做生意最緊要頭腦轉得快。但要記著，如果你做年宵，要有心裡準備，和有地方放那些爐具幾天，因為那些賣爐具的舖頭，通常初八才啟市。

爐具何處尋？

較集中的地方有三處，不過最多的還是旺角的新填地街。如果要找二手的，當然要多走其他的地方啦！

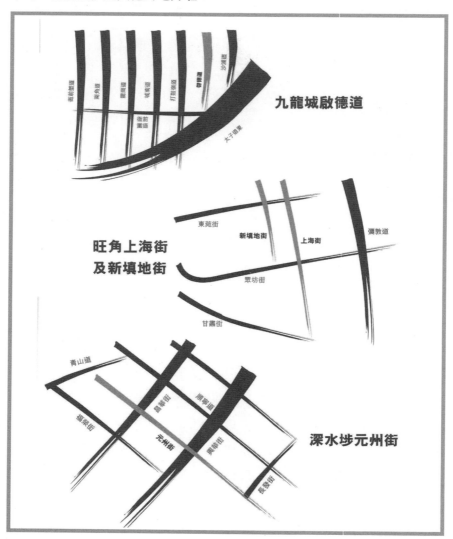

九龍城啟德道

衙前塱道　南角道　龍崗道　侯王街　打鼓嶺道　啟義道　沙浦道　衙前圍道　太子道東

旺角上海街
及新填地街

東莞街　新填地街　上海街　彌敦道　眾坊街　甘肅街

深水埗元州街

青山道　昌華街　順寧道　福榮街　元州街　興華街　長發街

各類爐具介紹

扒 爐

適合什麼食肆？

　　大酒樓至茶餐廳都合用,做年宵也合用,因體積小;功能大,可用來煮及加熱的食物品種多,所以是一個多功能的爐具。

適合煮什麼食物?
一切和煎的東西有關都合用,又可以用它來做串燒。
新貨參考價
$3,500-4,500起(因牌子、型號和電壓大小而不同)
二手夜冷價
$2,000-2,800起(因牌子、型號和電壓大小和新舊而不同)

飯 車

適合什麼食肆？

　　大酒樓至茶餐廳都合用。不要以為飯車只可做飯,其實它底有個發熱線,用來煲水和浸熱食物都很快,之前有人做年宵用它來浸熱魚旦,加快製作速度。

適合煮什麼食物?
飯、煲水和浸熱及保暖食品。
新貨參考價
$800-1,100起(因牌子、型號和電壓大小而不同)
二手夜冷價
$300-450起(因牌子、型號和電壓大小和新舊而不同)

湯池

適合什麼食肆？

車仔麵檔、魚旦檔及各式各樣小食檔，甚至大酒樓和糖水舖都會用得著，當然做年宵檔更加不用提啦。

適合煮什麼食物？

其實這個爐具不宜用來直接煮熟食物；但用它來保溫就最好不過，而且它有很多大大小小不同的格，用來分格食物，可算是一個多用途的器具。

新貨參考價

$3,500-15,000起(因牌子、型號和電壓大小而不同，越多格數，應該越貴)

二手夜冷價

$1,500-4,500起(因牌子、型號和電壓大小和新舊而不同)

炸爐

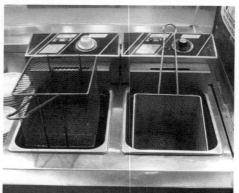

適合什麼食肆？

很多食肆都合用，最主要看看有沒有出品油炸的食品和需要而定。基本上大酒樓、茶餐廳和日本餐館唔少得。

適合煮什麼食物？

炸咩都得

新貨參考價

$800-900起(因牌子、型號和電壓大小而不同)

二手夜冷價

$300左右起(因牌子、型號和電壓大小和新舊而不同)

大型電飯煲

適合什麼食肆？

圖中的電飯煲是用煤氣的，一般食肆未必會用得著。多數的食肆也是用電的，尤其在年宵，你只能用電。大小和圖中的電飯煲可以差不多，$900左右。如果家裡人多，用這個大飯桶一定沒有問題。

適合煮什麼食物？
電飯煲除了煮飯外，在年宵用作魚旦保溫，一流中之一流。

新貨參考價
$900起(因牌子、型號和電壓大小而不同)

二手夜冷價
因損耗率高，不常有二手貨

切肉機

適合什麼食肆？

小小的食肆通常用不著切肉機，因為用途並不很多，相對用途的廣泛性來説，這很浪費空間，所以在大酒樓和規模較大的西餐廳才會比較常見。

適合煮什麼食物？
主要切肉和麵包，切肉的厚度，可自行調教。

新貨參考價
$7,000起(因牌子、型號、類別和電壓大小而不同)

二手夜冷價
$3,000起(因牌子、型號、類別和電壓大小和新舊程度而不同)

生財工具採購

夾餅機

適合什麼食肆？

高檔的西餐廳和有窩夫賣的甜品專門店都會添置；但在街邊的小食店，只要是賣格仔餅的就一定有啦。當然在街邊做生意，就不用買大型的那一種，小本經營，買幾百元那種就可以了。

適合煮什麼食物？
窩夫、格仔餅
新貨參考價
$900-2,500起(因牌子、型號、類別和電壓大小而不同)
二手夜冷價
主要用發熱線，因損耗率高，不常有二手貨

汽水機

適合什麼食肆？

快餐店最合用。不要在年宵市場賣這類杯裝汽水，因人流多時，會供不應求。

適合煮什麼食物？
各式各樣配製的汽水
新貨參考價
機多數不用自己買，因你在訂購配製汽水的材料時，供應商會一併把機提供給你用。
二手夜冷價
二手市場也難找這類機，你可以想想，當供貨商會提供時，那有這麼多二手貨？

荳漿機

適合什麼食肆？

街邊賣果汁(加水加糖那種)就最合用；很多麵舖，如有荳漿供應，都少不得這種機。

適合煮什麼食物？
荳漿、汽水、果汁
新貨參考價
$2,500起(因牌子、型號、類別和電壓大小而不同)
二手夜冷價
$1,000起(因牌子、型號、類別、電壓大小和新舊程度而不同)

四門雪櫃

適合什麼食肆？

基本上，什麼食肆都要用到雪櫃，只不過是看需要程度，小小的食肆，可能用雙門都可能唔夠。如果保養得好，新櫃可用10年以上。

適合煮什麼食物？
這類雪櫃，用來急凍或保存食物，勿用來放飲品，不然會令到飲品結冰。
新貨參考價
$25,000-30,000起(因牌子、型號、類別和電壓大小而不同)
二手夜冷價
$7,000-15,000起(因牌子、型號、類別、電壓大小和新舊程度而不同)

飲食設備供應商資料

晚記鋼鐵工程有限公司
油麻地上海街305-311號
地下
電話：2780 4501

蔡同盛
油麻地新填地街190
電話：2384 7856

友暉廚具
油麻地 上海街340
電話：2384 0563

光榮飲食業不銹鋼具工程
有限公司
油麻地上海街312
電話：2332 2463

聯品雪櫃工程有限公司
九龍城 啓德道78
電話：2718 1817

東亞冷凍鋼藝集團有限公司
司
香港九龍九龍城啟德道
44-46號地下
Tel: 2718 8680

友暉廚具
油麻地 上海街340
電話：2384 0563

陳枝記老刀莊有限公司
油麻地 上海街316
電話：2385 0317

駿達五金爐灶工程
沙田 海輝工業中心
電話：2742 4035

鴻發不銹鋼廚房設備
荃灣 晉昇工廠大廈
電話：2407 1283

旭昇飲食設備有限公司
紅磡 義達工業大廈
電話：2795 0838

坤記電焗餅爐鋼具工程
紅磡 崇志街37
電話：2334 7686

明輝廚具設備有限公司
荃灣 海林大廈
電話：2407 5422

進達廚具工程有限公司
觀塘 敬運工業大廈
電話：2797 9132

永德廚具工程公司
九龍灣 九龍灣工廠大廈
電話：2759 7363

金得廚具工程有限公司
觀塘 官塘工業中心
電話：2344 1330

建豐貿易公司
沙田 宇宙工業中心
電話：2604 9181

胡伍記銀器製品廠
有限公司
油麻地 煒亨大廈
電話：2735 6506

香港柏高陶瓷公司
九龍城 聯合道98C
電話：2716 7628

張九記爐灶公司
葵涌 永康工業大廈
電話：2481 2793

天發工程有限公司
長沙灣 鴻昌工廠大廈
電話：2776 9850

香港食品機械有限公司
柴灣 祥達中心
電話：2556 0099

東西燒有限公司
九龍灣 啓福工業中心
電話：2135 6181

振明工程有限公司（食物
傳送升降機）
長沙灣 榮吉工業大廈
電話：2742 4223

筆記欄

Free note

Free note

食品批發
入貨

行內人教你入貨 Tips

經紀自動找上門

　　找供應商很簡易，你只要打電話給他們，告訴他們你是經營食店，或準備開食店，叫他們傳真報價單給你就可以，當然啦，傳真的報價單未必是實價，在合作一段長的時間，或要貨量多了，價錢自然就有得斟。當你已開舖，很多時候，你不主動找供應商，不同供應商的經紀也會主動聯絡你。如果你在投年宵的會場，只要拍賣官一落鎚，告訴你已經是攤位的得住，一堆供應商的經紀便會好像螞蟻搶蜜糖般，走過來向你派名片，所以你根本不愁找貨源。

水貨 vs 行貨

　　首先，所謂水貨，不要唔會是冒牌貨(我們絕對不鼓勵用冒牌貨)。所謂水貨，其實也是正貨，不過是一些從其他地方，沒有經過香港的大代理所批發的貨(有點像電器的水貨一樣)。這些貨，一般也是從一些東南亞地區來的。因為當地的人工比較平宜，或有其他的因素，所以生產成本亦比較平宜，令到批發及零售價也相對地平宜。以汽水為例，水貨和行貨一般相差幾十元(24罐)。因為要和水貨競爭，現在的行貨，價錢也和水貨很貼近，亦又很多不同的推廣，如買十送一等等。

小數怕長計

　　做生意，真的要學會精打細算，不要以為入貨價相差十元八塊就沒有所謂，小數怕長計，一個品種的貨多花十元八塊，一間店，一個月就會花多很多的開支。不妨多找幾間批發商比較一下價

錢,有時候,用下水貨都不失為一個節省開支的好方法。記住!慳一元,等於多賺一元,這是小本經營的法則。

批發商 vs 超級市場

多找幾個不同的供應商供貨是一件好事,首先不會給一個供應商控制了你的貨源,萬一供應商沒有貨,你都可以有其他相熟的供應商救命。其實不一定所有貨也是供應商比較平宜,曾經試過,在超級市場賣的汽水,比批發商的還要平。當然這不會經常發生;但在商言商,一個做生意的人,要時常留意四周的動向和發展;要不然,錯過了很多黃金機會你也不知道。

有得退貨 vs 冇得退貨

不管是飲品或食品,通常入了貨都沒有得退貨,要不然供應商都很煩,所以要控制你的入貨量,免得賣不出的東西變壞;但有少數的供應商是有得退貨的,其中就是益力多了。因為益力多要保持品質新鮮,有效日期比效短;同時,賣益力多的毛利比較少,如果在短時間內沒有得退貨,或不能以舊貨換新貨的話,真的很難經營。

找數有折扣

通常供應商都會包送貨,以飲品為例,多數以現金交易(尤其是經營士多);但如果你經營食店,很多批發商在三至六月後都會給予數期,不用現金交易(你就收食客現金;但又可拖供應商數,做食店很著數!)。有時候,某些食品因有很多的水份,實際上可用到的不多,在找數時,可以談談折扣。

教你分　行貨 vs 水貨

　　雖然水貨不是冒牌貨；但有時候都想知道自己買了水貨還是行貨。如果給了行貨的價錢，結果買了水貨都唔知，作為生意人，就唔夠醒目啦！

到底那一罐啤酒才是水貨？

從生產地去分

在啤酒上，通常都有生產地印在上面，行貨當然印了香港(Hong Kong)的字樣啦；而水貨就會印了當地生產的地方名。

從瑕疵裡去分

水貨不知道為什麼，總會刻意地被發貨商，用硬物刮去某些字樣和標記，而行貨當然青靚白淨啦。

從罐外觀去分

有時候，可能因為某些宣傳活動，在啤酒罐的另一面會印上不同的花樣。某些圖案或活動在香港少見，就知那罐是水貨啦。

從罐底部去分

行貨的罐底，通常都有出廠日期。

從零售價去分

正常地，水貨當然會比較平。除非有零售商用水貨當行賣，搏我們精明的消費者毫不知情。

到底那一罐可樂才是水貨？

最容易分出可樂的水貨，因為水貨的罐身是矮小一點點。行貨的容量是 355ml；而水貨的容量則是 330ml，所有行貨會高身一點，一看便知龍與鳳。同時間，從蓋掩也可以很容易分別出水貨和行貨，因為行貨的蓋掩是新式設計，開蓋掩後，蓋掩會連著罐身；而水貨的則仍然是用舊式設計，開蓋掩後，蓋掩和罐身會分開。

紙包飲品批發價

牌子	品種	內容	市場價	批發價
維他	檸檬茶	250毫升	$3.4-4.9	$1.5-2.5
維他	果然系-荔枝茶	250毫升	$3.4-4.9	$1.5-2.5
維他	果然系-蘋果茶	250毫升	$3.4-4.9	$1.5-2.5
維他	烏龍茶	250毫升	$3.4-4.9	$1.5-2.5
維他	菊花茶	250毫升	$3.4-4.9	$1.5-2.5
維他	綠茶	250毫升	$3.4-4.9	$1.5-2.5
維他	蜜瓜荳奶	250毫升	$3.4-4.9	$1.5-2.5
維他	麥精	375毫升	$4.2	$2.9-$3.9
維他	維他奶	375毫升	$4.2	$2.9-$3.9
維他	椰子汁豆奶	250毫升	$3.4-4.9	$1.5-2.5
維他	橙汁	250毫升	$3.4-4.9	$1.5-2.5
維他	黑加侖子汁	250毫升	$3.4-4.9	$1.5-2.5
陽光	檸檬茶	375毫升	$4.5	$2.9-$3.9
陽光	檸檬茶	250毫升	$3.2-4.9	$1.5-2.5
陽光	菊花茶	375毫升	$4.5	$2.9-$3.9
陽光	菊花茶	250毫升	$3.2-4.9	$1.5-2.5
陽光	蜜瓜豆奶	375毫升	$4.5	$2.9-$3.9
陽光	橙汁	250毫升	$3.2-4.9	$1.5-2.5
陽光	提子汁	250毫升	$3.2-4.9	$1.5-2.5
陽光	橙汁	375毫升	$4.5-$5.5	$2.9-$3.9

*所有產品會因缺貨、速銷、折扣、通脹或水貨行貨而平均價錢有所調整，價錢只作參考用途

罐裝飲品批發價

牌子	品種	內容	市場價	批發價
可口可樂	罐裝汽水	355毫升	$4.5-5.5	$1.7-3.5
健怡可樂	健怡可樂罐裝	355毫升	$4.5-5.5	$1.8-3.6
可口可樂	雲尼拿可樂	355毫升	$4.5-5.5	$1.6-3.8
雪碧	罐裝汽水	355毫升	$4.5-5.5	$1.7-3.5
雪碧	健怡雪碧	355毫升	$4.5-5.5	$1.7-3.5
芬達	提子罐裝汽水	355毫升	$4.5-5.5	$1.6-3.8
芬達	橙汁罐裝汽水	355毫升	$4.5-5.5	$1.7-3.5
芬達	青蘋果汁汽水	355毫升	$4.5-5.5	$1.6-3.8
百事	輕怡百事汽水	355毫升	$4.2-5.5	$1.7-3.5
玉泉	罐裝干薑啤	355毫升	$4.5-5.5	$1.6-3.8
玉泉	忌廉汽水	355毫升	$4.5-5.5	$1.7-3.5
新奇士	O.J橙汁汽水	350毫升	$4.5-5.5	$1.6-3.8
COOL楊協成	馬蹄爽	330毫升	$4.5-5.5	$1.7-3.5
COOL楊協成	椰果爽	330毫升	$5.0-6.0	$1.7-3.5
COOL楊協成	清涼爽	330毫升	$4.5-5.5	$1.6-3.8
碧泉	蜜桃茶	350毫升	$4.5-5.5	$1.7-3.5
碧泉	檸檬茶	350毫升	$4.5-5.5	$1.7-3.5
維他	檸檬茶罐裝	350毫升	$4.5-5.5	$1.6-3.8
維他	菊花茶罐裝	350毫升	$4.5-5.5	$1.7-3.5
雀巢	蜜桃茶	350毫升	$4.4	$1.7-3.5
雀巢	檸檬茶	350毫升	$4.4	$1.6-3.8

*所有產品會因缺貨、速銷、折扣、通脹或水貨行貨而平均價錢有所調整，價錢只作參考用途

樽裝飲品批發價

牌子	品種	內容	市場價	批發價
清涼	蒸餾水	750毫升	$3.8-4.8	$1.5-2.5
屈臣氏	蒸餾水	430毫升	$4.4-6.5	$3.5-5.5
可口可樂	樽裝汽水	500毫升	$5.9-6.9	$3.9-5.9
雪碧	樽裝汽水	500毫升	$5.9-6.9	$3.9-5.9
玉泉	忌廉樽裝	500毫升	$5.9-6.9	$3.9-5.9
百事	樽裝汽水	600毫升	$5.9-6.9	$3.9-5.9
MEKO	蜜桃茶	500毫升	$7.9-9.9	$5.9-6.9
康師傅	蜂蜜低糖綠茶	490毫升	$5.9-8.9	$3.5-5.5
康師傅	冰紅茶	490毫升	$6.8-8.9	$3.5-5.5
嵐谷	蜂蜜綠茶	500毫升	$7.9-9.9	$3.9-6.9
雀巢	檸檬茶	500毫升	$7.9-9.9	$3.9-6.9
QOO	橙汁飲品	345毫升	$6.8-9.9	$3.9-6.9
QOO	白提子飲品	345毫升	$6.8-9.9	$3.9-6.9
陽光	蜂蜜綠茶	500毫升	$6.8-9.9	$3.9-6.9
新奇仕	橙汁	600毫升	$9.7-13.99	$6.9-9.9
藍妹	細樽裝啤酒	330毫升	$9.8-16.99	$6.9-9.9
藍妹	啤酒大樽裝	640毫升	$17.9-24.99	$9.9-13.9
百威	啤酒-細樽裝	355毫升	$9.7-16.99	$6.9-9.9
百威	啤酒大樽裝	650毫升	$17.1-24.99	$9.9-13.9
嘉士伯	啤酒大樽裝	640毫升	$16-24.99	$9.9-13.9
嘉士伯	啤酒	330毫升	$9.2-16.99	$9.9-13.9
CORONA	墨西哥啤酒	330毫升	$10.9-16.99	$9.9-13.9
喜力	細樽啤酒	330毫升	$9.9-16.99	$6.9-9.9

*所有產品會因缺貨、速銷、折扣、通脹或水貨行貨而平均價錢有所調整，價錢只作參考用途

凍肉類批發價

丸類

貨品	規格	供應商批發價
炸魚旦	以斤計60粒1斤	$10
炸魚條	以斤計	$11
上級牛丸	以斤計	$10
黑椒牛丸	以斤計	$12
牛筋丸	以斤計	$10
上級墨魚丸	以斤計	$20
豬肉丸	以斤計	$16
貢丸	以斤計	$22

肉類

貨品	規格	供應商批發價
雞胸肉	以千克計	$12
雞全翼	100-120克	$7
牛眼肉	以千克計	$11
牛柳	以千克計	$26
羊扒	以磅計	$22
羊脾肉	以磅計	$16
豬扒	以磅計	$6
豬骨粒	以磅計	$3

海產類

貨品	規格	供應商批發價
魷魚頭	以千克計	$21
炸帶子	以磅計30隻1磅	$18
淡水蝦肉	以磅計70隻1磅	$33
日本人造蟹柳	以千克計	$40
香脆炸尤魚圈	以千克計50隻1千克	$48
中國東風螺肉	以磅計200隻1磅	$22
鯊魚柳	以千克計	$15
青衣魚柳	以千克計	$48

雜項

貨品	規格	供應商批發價
粟米粒	以磅計	$5
青豆	以磅計	$4
廚師腸	以包計10條1包	$5
牛柏葉	以斤計	$9
燒賣	以斤計	$12
水餃	以斤計	$12
甘筍仔	以磅計	$4
什菜	以磅計	$5

*所有產品會因缺貨、速銷、折扣、通脹或水貨行貨而平均價錢有所調整,價錢只作參考用途

器皿類批發價

紙品類

貨品	規格	供應商批發價
白餐紙巾	17"x17"以千計	$120
蒸籠紙	以萬計	$200
錫紙	15"x100/卷	$200
保鮮紙	17"/卷	$100
威化紙	80克x80x100/箱	$890
花餅紙	4"以千計	$5
凍品玻璃紙	3"以磅計	$25
炖旦紙	4"x4"以磅計	$25

竹簽類

貨品	規格	供應商批發價
7"竹簽	以箱計	$180
竹筷子	以箱計1箱3000	$200
萬國旗簽	以包計	$2.5
雞尾花簽	以箱計1箱10000	$75
漂白牙簽	以盒計	$45

杯和盒

貨品	規格	供應商批發價
發泡膠燒臘盒	以箱計200個1箱	$100
點心透明膠吸塑	5"以百計	$85
16oz連蓋保溫湯碗	以箱計500個1箱	$130
24oz連蓋保溫湯碗	以箱計500個1箱	$168
8oz熱杯蓋	以千計	$55
8oz熱杯	以千計	$170
12oz凍杯蓋	以千計	$70
12oz凍杯	以千計	$180

雜項

貨品	規格	供應商批發價
白背心袋	8"x5"以千計	$30
曲身飲筒	以箱計	$130
直身飲筒	以箱計	$90
36"x48"垃圾袋	以百計	$100
茶膠匙	以百計	$4.8
中式飯匙	以百計	$5.5
膠刀	以百計x	$10
廚師帽	以百計	$75

*所有產品會因缺貨、速銷、折扣、通脹或水貨行貨而平均價錢有所調整，價錢只作參考用途

醬油類批發價

醬油

貨品	規格	供應商批發價
馬芝蓮(牛油)	5磅x6/箱	$270
豬油	17千克/罐	$198
幼砂糖	30千克/包	$83
生抽王	15千克x2/箱	$110
老抽王	10千克x2/箱	$145
麻油	5千克x4/箱	$268
蠔油	5磅x6/箱	$186
精鹽	25千克/包	$32

味粉及色粉

貨品	規格	供應商批發價
橙黃粉	500克/支	$68
橙紅粉	500克/支	$76
雲呢拿粉	500克/支	$74
椰子粉	500克/支	$58
粟粉	3磅x12/箱	$178
味粉	1磅x50/箱	$225
梳打食粉	以斤計	$5
雞粉	1千克x12/箱	$342

杯和盒

貨品	規格	供應商批發價
雲耳	以斤計	$49
金針	以斤計	$14
西米	以斤計	$4
榨菜	以斤計	$6
菜甫頭	以斤計	$5
冬菜	600克x18/箱	$130
雪菜	200克x72/箱	$138
筍絲	2950克x6/箱	$129

雜項

貨品	規格	供應商批發價
江門米粉	5斤x10/箱	$185
意粉	28磅/箱	$112
通粉	28磅/箱	$112
粉皮	250克x40/箱	$260
出前一丁	100克x30/箱	$76
烏冬	200克x30x2/扎	$120
粉絲	250克x100/箱	$240
河粉	454克x30/箱	$150

*所有產品會因缺貨、速銷、折扣、通脹或水貨行貨而平均價錢有所調整，價錢只作參考用途

批發商電話

飲品代理

鴻道發展(中國)有限公司
地址：上環嘉匯商業中心
電話：2850 7283

力生食品貿易有限公司
地址：元朗田廈路12A
電話：2447 0692

金田食品有限公司
地址：元朗宏業東街27號麗
新元朗中心815室
電話：2405 0468

中國太陽神集團(香港)
有限公司
地址：尖沙咀金馬商業大廈
電話：2724 3288

太古可口可樂香港有限公司
地址：沙田源順圍17
電話：2636 7888

可口可樂中國有限公司
地址：側魚涌林肯大廈
電話：3195 5500

可口可樂出口公司
地址：銅鑼灣蜆殼大廈
電話：2599 1333

屈臣氏飲品
地址：葵涌屈臣氏中心
電話：2429 8553

青島飲品有限公司
地址：上環億利商業大廈
電話：2850 6882

津路國際有限公司
地址：旺角荷李活商業中心
電話：2385 0288

美樂多(香港)有限公司
地址：粉嶺寶利中心
電話：2682 2799

香港益力多乳品有限公司
地址：尖沙咀新港中心
電話：2375 1103

恒信食品有限公司
元朗泥圍
電話：2458 6842

健力寶集團(香港)有限公司
地址：灣仔海富中心
電話：2363 8370

土產品批發

天書泰土產有限公司
地址：尖沙咀東南洋中心
電話：2723 5515

志成(金椰子)貿易公司
地址：沙田豐盛工業中心
電話：2607 3856

協聯行土產食品有限公司
地址：上環和樂大廈
電話：2857 3833

保時偉有限公司
地址：柴灣安力工業中心
電話：2558 4626

奶乳製品批發

農場鮮奶有限公司
地址：跑馬地成和道3
電話：2832 9218

九龍維記牛奶有限公司
地址：屯門新安街7
電話：2466 1188

大眾派奶服務中心
地址：薄扶林薄扶林村
電話：2875 0115

利華牛奶公司
地址：馬頭角木廠街3B
電話：2334 7517

神樂院牛奶廠有限公司
地址：元朗新田大生圍
電話：2471 9861 傳真：
2482 0053

維壹企業有限公司
地址：旺角福強工業大廈
電話：2391 1455

澳洲牛奶公司分店
地址：油麻地白加士街47
電話：2730 1356

生果批發

濠浚有限公司
地址：油麻地彌敦商務大廈
電話：2780 8819

華安公司
地址：油塘油塘工業城
電話：2340 2018

亞洲鮮品組合有限公司
地址：油麻地石龍街21
電話：2384 3685

信誠洋行
地址：灣仔會展廣場
電話：2525 2236

陳文洲水果有限公司
地址：西營盤成基
　　　商業中心
電話：2858 5229

大成棧
地址：油麻地
電話：2771 8011

大成棧(捷旺)果欄
地址：油麻地 窩打老道
電話：2359 3355 傳真：
2384 6691

大益棧
地址：油麻地石龍街11
電話：2384 7504

大益欄
地址：油麻地
電話：2780 6912

升記欄
地址：石塘咀西區批發市場
電話：2546 6574

友成果欄
地址：油麻地窩打老道
電話：2384 0772

友信欄
地址：油麻地石龍街16
電話：2384 9551

友聯果欄
地址：油麻地石龍街9
電話：2771 0409

日新
地址：油麻地窩打老道
電話：2771 1421

日新鮮果供應有限公司
地址：油麻地石龍街
電話：2770 1083

米批發

友成米行有限公司
地址：西營盤安順大廈
電話：2548 3031

永信米業有限公司
地址：上環萬豐樓
電話：2548 0667

兆豐年興記有限公司
地址：西營盤威利大廈
電話：2548 2157

年豐行有限公司
地址：上環米行大廈
電話：2548 1808

利源糧食公司
地址：九龍城侯王道45
電話：2716 3187

吳賽賢
地址：葵涌油麻磡村
電話：2429 0265

兩興隆貨倉
地址：沙田桂地村
電話：2691 5003

周氏兄弟米業有限公司
地址：上環南北行商業中心
電話：2541 3348

忠信行米業有限公司
地址：西營盤干諾道西
電話：2548 3113

忠信行米業有限公司
地址：上環德豐大廈
電話：2548 2288

中環肉類食品公司
地址：上環荷李活道208
電話：2540 8121

泰富牛肉公司
地址：屯門良景村街市
電話：2466 7585

忠誠行米業有限公司
地址：西營盤成基商業中心
電話：2548 1046

牛記
地址：深水步南樂樓
電話：2776 7561

順昌隆
地址：上環上環市政大樓
電話：2543 0884

金源米業有限公司
地址：青衣金源中心
電話：2432 8188

永盛乳豬
地址：油麻地順利大廈
電話：2388 1511

順明肉食公司
地址：旺角龍旺大廈
電話：2392 0905

金源米業貨倉有限公司
地址：青衣金源中心
電話：2432 8288

永順行肉食有限公司
地址：上環鐵行里6
電話：2545 5062

興利順有限公司
地址：上環喜訊大廈
電話：2541 8022

信豐隆米業飼料有限公司
地址：上環干諾道西86
電話：2548 8281

永輝行
地址：黃大仙藍石樓
電話：2322 7161

冷凍食物批發

佳勝魚蛋批發
地址：屯門竹苑
電話：2146 8808

洪豐號
地址：西貢德隆前街7
電話：2792 2603

成記號
地址：上環上環市政大樓
電話：2544 6983

香港強基凍肉品貿易出入口公司
地址：大埔廣福道111
電話：2656 6356

肉類批發

利生肉食有限公司
地址：沙田大圍街市
電話：2725 9099

海生行海產食品有限公司
地址：西營盤成基商業中心
電話：2548 6393

新義成食品貿易公司
地址：九龍土瓜灣鷹揚街
21號地下
電話：2362 4616

和興行
地址：灣仔崇蘭大廈
電話：2891 8215

三昌肉食公司
地址：荃灣楊屋道45
電話：2490 4595

時新肉食公司
地址：油麻地福星大廈
電話：2385 9994

中信行冷凍食品有限公司
地址：筲箕灣東都中心
電話：2540 9050

輝記凍肉有限公司
地址：葵涌新豐中心
電話：2798 0489

日昇食品公司
地址：香港仔大洋工業大廈
電話：2814 9591

永康行
地址：旺角新輝商業中心
電話：2391 8318

溫玲利海產公司
地址：旺角 嘉禮大廈
電話：2787 7238

回味食品公司
地址：荃灣荃運工業中心
電話：2402 3669

聯合林記食品有限公司
地址：深水步汝州街249
電話：2386 3438

新興冷凍食品有限公司
地址：香港仔偉中心
電話：2580 8521

Sun Tin Hing Meat Co
地址：土瓜灣九龍城道56A
電話：2303 1687

家禽批發

強記冰鮮雞鵝鴨批發
地址：大角咀博文街10
電話：2395 1717

合益雞鴨批發
地址：長沙灣臨時家禽批發
市場
電話：2742 7500

合記雞鴨批發
地址：長沙灣長沙灣批發市
場
電話：2307 8250

四嬸雞鴨
地址：油麻地騏邦大廈
電話：2782 1603

永豐雞鴨欄
地址：長沙灣興華街4
電話：2361 4512

同興雞鴨欄
地址：長沙灣興華街4
電話：2361 4595

吳昌成
地址：長沙灣臨時家禽批發
市場
電話：2744 0562

夏灣乳鴿
地址：西貢對面海村街市
電話：2792 0436

梁景記
地址：長沙灣臨時家禽批發
市場
電話：2744 1436

祥記雞鴨
地址：油麻地油麻地街市
電話：2385 9112

新鴻記
地址：屯門友愛村街市
電話：2450 0576

源和隆
地址：中區中環街市
電話：2541 3958

粵生昌祥記欄
地址：長沙灣興華街4
電話：2361 4500

僑豐欄
地址：長沙灣興華街4
電話：2361 4533

德生雞鴨
地址：石塘咀石塘咀綜合街
市
電話：2547 9202

粉麵製品批發

安利製麵廠
地址：上環金銀商業大廈
電話：2564 7591

新順福食品有限公司
地址：元朗新順福中心
電話：2461 0190

大家好粉麵食品廠
地址：觀塘凱源工業大廈
電話：2191 3096

食品批發入貨

三喜(大興)粉麵廠
地址：葵涌新界葵涌葵喜街
　　　6號華福工業大廈1
　　　樓D室
電話：2614 3806

聯豐粉麵廠有限公司
地址：沙田威力工業中心
電話：2362 1731

英興粉麵製造廠
地址：葵涌萬利工業大廈
電話：2421 8935

金蒲投資(食物部)有限公司
地址：荃灣沙咀道45-53號
　　　荃運工業中心第一期
　　　5樓L室
電話：2493 6505

三潤粉麵食品有限公司
地址：長沙灣栢裕工業中心
電話：2728 8299

合興粉麵廠
地址：沙田交通城
電話：2606 7867

九記粉麵廠有限公司
地址：柴灣安力工業中心
電話：2558 7924

三利隆(九龍)粉麵廠
地址：旺角奶路臣街2N
電話：2384 9131

三益麵廠
地址：沙田華樂工業中心
電話：2601 9166

三興食品有限公司
地址：屯門偉昌工業中心
電話：2467 3911

三興麵家
地址：粉嶺聯和墟街市
電話：2675 6188

蔬菜批發

陳文洲水果有限公司
地址：西營盤成基商業中心
電話：2858 5229

九龍蔬菜市場入口商
地址：長沙灣蔬菜批發市場
電話：2386 3410

大利蔬菜雜貨店
地址：粉嶺聯興街5
電話：2675 8088

大埔蔬菜合作社拍賣場
地址：長沙灣蔬菜批發市場
電話：2361 8688

大興欄
地址：油麻地窩打老道
電話：2384 5776

尹建
地址：西營盤西區批發市場
電話：2517 3309

天記欄
地址：長沙灣蔬菜批發市場
電話：2725 8529

孔炎森
地址：長沙灣批發市場
電話：2307 8360

文記果菜
地址：油麻地金華大廈
電話：2771 9561

王炳南
地址：黃大仙永華樓
電話：2321 9584

王容
地址：長沙灣批發市場
電話：2307 8180

世記
地址：觀塘順利村街市
電話：2343 2020

兄弟
地址：上環太基樓
電話：2549 3335

四姑菜欄
地址：長沙灣批發市場
電話：2307 8488

日本食品

海寶物產有限公司
地址：柴灣祥利工業大廈
電話：2558 4055

世滔國際有限公司
地址：尖沙咀諾士佛台10
電話：2368 5018

金日本食品公司
地址：葵涌亞洲貿易中心
電話：2783 8305

料理屋久谷有限公司
地址：尖沙咀山林中心
電話：2992 0787

大和貿易公司
地址：柴灣明報工業中心
電話：2558 6827

八八番壽司魚生專門店
地址：上水馬會道166
電話：2670 3821

三好屋
地址：元朗雄偉工業大廈
電話：2475 7687

大亞日本食品有限公司
地址：灣仔月街15
電話：2528 1982

大蒜屋日本料理
地址：銅鑼灣京士頓街2
電話：2504 2511

日川亞太(香港)有限公司
地址：荃灣安泰國際中心
電話：2512 2330

日星(日本)貿易有限公司
地址：鴨利洲港灣工貿中心
電話：2871 0073

百麗集團有限公司
地址：筲箕灣新成中心
電話：2539 7568

味之珍味(香港)有限公司
地址：青衣工業中心
電話：2495 1261

味精及醬料

美珍醬油果子廠有限公司
地址：元朗洪屋村127約
電話：2545 0717

美香醬園
地址：香港仔建輝大廈
電話：2552 6653

香港振安食品廠
地址：沙田華生工業大廈
電話：2694 7881

恒豐醬園油莊
地址：大角咀富安大廈
電話：2396 6307

悅記醬園
地址：黃大仙鳳凰新村
電話：2323 7912

柏士利醬油食品工業
地址：元朗八鄉新隆園
電話：2488 6560

祥珍醬園
地址：紅磡啟明街25
電話：2362 1025

勝利蝦醬蝦羔製造廠
地址：大澳石仔步街10
電話：2985 7330

喜珍醬園
地址：中區伊利近街39
電話：2524 2241

華豐公司
地址：大埔錦魁樓
電話：2657 7843

華豐醬園有限公司
地址：葵涌葵灣工業大廈
電話：2310 1331

進基有限公司
地址：土瓜灣捷通大廈
電話：2766 1162

葉秀田
地址：元朗崇山新村
電話：2479 2914

裕興蠔油公司
地址：流浮山正大街50
電話：2472 4208

鉅利醬園
地址：上水古洞814
電話：2670 3594

筆記欄

Free note

Free note

教你寫
計劃書找
投資者

什麼是飲食業計劃書？

新開張的餐飲店不知會發生什麼狀況，有很多不確定的因素。因此，必須盡可能事先擬定縝密且慎重的計劃。不僅要計劃，更重要的是要將籌備的開業計劃好好地落實成文件格式。做飲食業，開業成本相對地高，所以你有機會要找合作伙伴，或向親戚朋友甚至銀行集資。如果你能夠事先製作出一份開業計劃書，絕對有利成功借貸。不管怎樣，漫無計劃地開業是絕對無法成功的，開業計劃書的製作可以說是「今後事業是否成功」的重要作業，而開業計劃書的用途大致可分為下列四項：

❶ 申請事業資金融資時所提出的資料

❷ 對家人、朋友以及員工說明店鋪內容的資料

❸ 對交易往來業者、投資者說明事業特徵、優越性、差異化的資料

❹ 作為自己事業的指標、導航

製作開業計劃書的要點

以上四項都很重要，而且1和4更是擔任著重要角色。那麼，製作開業計劃書要注意哪些要點呢？雖然細節列舉不完，不過以全體來說，首先必須注意以下5點：

❶ 不要忘記「眾人的看法和評價」

❷ 整合性很重要；矛盾的計劃行不通

❸ 客觀性很重要；太執著、獨斷很危險

❹ 正確的數字很重要。資料遺漏和偏離現實的數字，會對開業後的營業成績造成很大的影響

❺ 營業額估計要踏實；而費用估算要略為提高

飲食業計劃書記載事項清單

NO	項目	內容	完成日期
1	封面頁	計畫名稱、公司名稱、日期等	／
2	目次頁	開業計畫書的目次	／
3	開業動機說明	說明計畫實行的經過	／
4	開業目的說明	說明在餐飲業開店的理由、目的	／
5	開業舖頭概要書	・地址、面積、交通環境	／
		・建物的各項條件	／
6	理念詳細說明	・理念全體圖	／
		・核心理念	／
		・顧客理念	／
		・地點理念	／
		・商品理念	／
		・價格理念	／
		・店鋪理念	／
		・待客理念	／
		・促銷理念	／
		・時間理念	／
7	計畫數值詳細說明	・數值計畫概略	／
		・投資計畫	／
		・資金調度計畫	／
		・營業計畫	／
		・收支計畫、損益平衡點、必要營業額	／
		・償還計畫	／
		・現金流程計畫	／
		・長期收支預測	／
8	計畫全體流程圖	開業計畫全體工程以及流程圖	／

飲食業計劃書裡必要的6個項目

❶ 理念　要經營哪種類型的店？

一開始必須針對「要經營哪種類型的店」來做說明與計劃。

❷ 投資計劃　需要多少資金才能開始？

針對經營該理念的店，書寫「必須要有多少錢」的說明與計劃。因為是「計劃書」，所以必須是可能實行、實際的數值。

❸ 營業額計劃　可以賣出多少？

明確設定可以獲得的營業額。餐飲業開店失敗有很多是因為營業額的預測失誤。因此，必須要求可以實現、高精確度的預測。

❹ 收支計劃　要賺多少錢？

事先計劃在決定理念、調度資金、開始營業之後估可以收到多少營利。如果在此階段沒有賺錢的話有必要重新修正計劃。

❺ 資金調度計劃　從哪裡調度資金？

不是100％由自己出資的話，就必須事先明確設定好必要資金是「從哪裡」「以何種條件」進行調度。

❻ 償還計劃　要如何償還借款？

因為借款一定得償還，所以「償還計劃」是必要的。「稅後淨利」+「折舊費用」的總額即為償還的原本資金。必須以該總額來擬定借款可以確實償還的計劃。

飲食業計劃書項目關聯圖

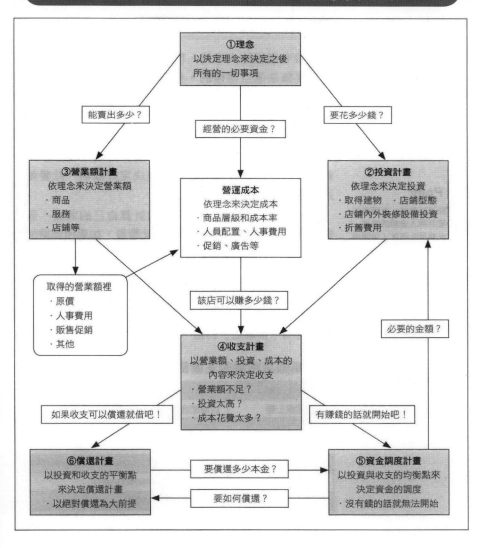

①理念
以決定理念來決定之後所有的一切事項

能賣出多少？

經營的必要資金？

要花多少錢？

③營業額計畫
依理念來決定營業額
· 商品
· 服務
· 店鋪等

營運成本
依理念來決定成本
· 商品層級和成本率
· 人員配置、人事費用
· 促銷、廣告等

②投資計畫
依理念來決定投資
· 取得建物　· 店鋪型態
· 店鋪內外裝修設備投資
· 折舊費用

取得的營業額裡
· 原價
· 人事費用
· 販售促銷
· 其他

該店可以賺多少錢？

④收支計畫
以營業額、投資、成本的內容來決定收支
· 營業額不足？
· 投資太高？
· 成本花費太多？

必要的金額？

如果收支可以償還就借吧！

有賺錢的話就開始吧！

⑥償還計畫
以投資和收支的平衡點來決定償還計畫
· 以絕對償還為大前提

要償還多少本金？

要如何償還？

⑤資金調度計畫
以投資與收支的均衡點來決定資金的調度
· 沒有錢的話就無法開始

飲食業開店所需要的資金

　　對沒有經驗的人來說，開業到底要花多少錢，這件事也許是無法憑空想像的。但是，在計劃階段有漏列項目的話，就會引起像資金不足、收支失衡等各種問題。因此在計劃階段，必須將所有必要的費用進行預算化。沒辦法加以判斷時，也可以找專家進行諮商。

　　投資計劃最遲要在「找到想開店的舖位時為止」，就應該要有明確的架構。因為一旦決定好舖位，計劃就會逐步開始進行了。在找到好舖位的階段，你會再計算自己的收支、資金營運等，進行決定開店的想法。此階段，如果所依據的投資額不是「實際數字」的話，就無法做出適當的判斷。所以要事先和業者充分協商，盡快掌握必要的投資額。

　　還有，一定要考慮到超出預算的狀況。因此，投資計劃請盡可能地提高估算。在計劃階段，將確定總額的10%左右列為「預備金」的話、會有較高的事業安全性。

餐飲業開店所需的主要費用

❶ 舖位租金	取得舖位時所需的費用
❷ 店舖施工費	店舖建造、內外裝修以及設備費用
❸ 店舖機器進貨	主要廚房機器類的進貨費用
❹ 雜項器具用品費	店舖裡所使用的雜項器具和必需用品費用
❺ 開業各項經費	包含應徵員工、宣傳廣告等開業所必需的費用
❻ 開業材料費	開業前試作商品等的材料費用
❼ 開業人事費	開業前準備、訓練等的人事費用
❽ 營運資金	開業後必要的營運資金

做好營業額計劃

　　邊檢討必要投資的概略，也必須邊思考此計劃的營業額可以實現到何種程度。這就是「營業額計劃」開始實際進行開業準備之後，有可能會將當初所設定好的營業額不斷地往上高估。隨著投資和借款成為事實，漸漸感到「這樣的營業額是不夠的」，就開始虛擬營業額的數值。不過，那就是失敗的第一步，擬定實際且合理的營業額計劃是很重要的。

推算營業額的計算公式

　　實際來計算看看店鋪的營業額吧！計算單日的營業額可以使用下列公式來進行：

> ## 營業額=坪數x每坪席數x客滿率x可能的客席循環次數x客單價

　　坪數使用預定的店鋪坪數，每坪席數先以1.5來計算看看。還有，「客單價」就以理念來決定適當的金額。

以時間帶差別、假日差別來計算

不過，即使是同一家店舖，數字也會因時間和假日而有很大的變化。配合店舖的經營型態，再進行個別計算，然後算出的總額就是當月營業額。還有，在營業額計劃裡，下列三個形式的設定是有必要的：

❶ 冷清時期的營業額

開業後不久或無法照計劃進行時，最低只能達到此數值的計劃。

❷ 一般時期的營業額

通常一定可以達成的數值，參考附近店家或基準值來推算。

❸ 興盛時期的營業額

開業後的目標數值，必須為可能實現的數值，不過因為要當成努力目標，所以要稍微提高設定。

請基於這三個數值來擬定收支計劃。即便是冷清時期也可以資金營運無礙是較為理想的計劃。再者，也有必要從各個角度來查證營業額計劃的數值。請帶著自信查證，直到「這樣的話就可行」的數值出現為止。這個查證作業在開店後也非常有幫助。

營業額預測查證方法範例

查證客單價	到附近店家視察，查看該地區的行情。
	請朋友看做好的菜單，實際進行模擬點餐等，再計算總額為多少。
查證來客數	視察附近店家的來客狀況。最好週一到週日要變化視察的時間帶。
	在建物前計算通行量。店前通行量乘以0.5%可以預測來客數。但是，數值會因業種和業態而有很大差異，所以也要參考附近店家的測量值。
查證循環率	試著測量自家店和相同類型店家的循環數值。
	觀察店家形象設計，然後進行檢討。從「較多的是每組幾位客人？」「人潮擁擠時段」等來進行模擬。

開張時就要決定營運成本

經營餐飲店有各式各樣的費用(=營運成本)。那是必要的。只要是經營者，不管是誰，在開業之後，都應該會想要盡可能地抑止營運成本。但是，該注意的是，所謂的營運成本是指「在計劃階段就被決定好的因素很大」。也就是說，雖然知道「開業後，要盡可能地節約、縮減經費」，但是卻很難辦得到，當然有必要做到不要浪費，不過事先製作「不缺乏經費可以營運的計劃」也是很重要的。另外，餐飲店的營運成本可以分為變動費(Variable Cost)和固定費(Fix Cost)兩種。

❶ 變動費

因營業額的變動，金額也會改變的費用。變動費中最多的就是「原材料費」。當沒有營業額時，也不會產生原材料費，不過每當營業額增加，原材料費的金額也會往上提升。還有，在餐飲店中「店主以外的人事費用」也必須事先以變動費來處理。因為變動費會隨著營業額的高低而變動，所以要明確掌握「相對營業額要花費幾％」。

❷ 固定費

所謂固定費是指即使營業額有所變動，也不會有任何改變的費用。開業時已經決定好的事項，也稱為「初期條件」。比如說，房租、折舊、租賃費用等就是初期條件。若為個人的店，最好是將店主的工資也以固定費來計劃。事先以金額來掌握「每個月的額度要花費多少」是很重要的。

飲食業開店費用參考表

原料	原料費	料理成本 飲料成本 外帶成本	合計30%左右
人事費	人事費	員工薪資津貼 部分工時薪資津貼 通勤交通費用 獎金 退休金 勞工保險費 健康保險費 教育費 招募費用 伙食費	合計30%左右 （將店主的人事費用放到初期條件 的話，這部分就會減少）
各項經費		各項經費合計	合計12%
	水電費	瓦斯費 電費 水費	合計4%～6%左右
	建物費	消耗用品費用 事務用品費用 修繕費	3%左右
	販賣促銷費	廣告宣傳費 接待交際費 販賣促銷費	1～3%左右
	其他雜費	旅費交通費 通訊費用 稅捐和雜費 研究開發費用 保險費用 車輛費用 各種會費 衛生設備費用 專利權費用	5%左右
初期條件		初期條件合計	18%以下
		店鋪租金共同利益費	8%以下
		折舊費用	
		收取利息	將店主的人事費用放到初期條件的 話，這部分就會增加
		支付利息	
		（店主人事費用）	

成本率和人事費率以合計數值來管理

　　了解營運成本的明細之後，請推算出實際大約的花費是多少錢。還有，據說餐飲店中的成本率(食物成本)和人事費率(雇用成本)合計必須要在營業額的60％以下。若為個人的店，由這裡減掉店主的工資部分是合理的。以不超過60％的範圍，來設定成本率和人事費率吧！以傾向來說，多為「客單價較高=成本率↓人事費↑」「客單價較低，成本率↑人事費↓」。

各項經費的合計要控制在12%以下

　　其他各項經費的名目有很多，不過合計必須要在對照營業額12％以下。其中較多的是「水電費」，在各項經費中佔了50％左右。除此之外的每項費用金額都不大，不過「積沙成塔」也是很可觀的。請盡量以低成本進行營運，並慎重地擬定計劃。

舖租盡量控制在8%-15%以下

　　固定費中，金額較大的就是舖租。香港地產霸，其實想把租金調到營運成本的8％-15％以下也不容易，如果怎樣也調不低，唯有在其他方面去減。如果減不了，就唯有嘗試加價了。儘管作為客人或者經營者也不願意，但這個費用，無奈還是要作為成本攤到產品價格上去。

　　在其他國家，這筆款項的目標數值，應該要在對照營業額8％-15％以下，作為營業額是否可以達成的判斷依據。另外，其他的折舊費用和租賃費用等的固定費，請對照營業額比例的10％以下當成基準。

重要的是「合計要在90％以下」

目標為「確保營業額比例10％以上的利益」，也就是「費用的合計要在對比營業額90％以下」。請將個別的數值當成基準，然後再以總和思考要製作成怎樣的計劃。

要掌握計劃的整體平衡

擬定收支計劃時，要將「全體皆可獲利嗎」仔細計算清楚。比如說，即使舖租很貴，如果「可以直接使用店舖內部裝潢店面」的話，應該就可以彌補過高的舖租。相反地，即使舖租很便宜，卻是「店面老舊、施工要花費額外費用、折舊費用也擴增」的話，便宜的舖租也就被抵消掉了。

其他像是有可能「成本率設定很高，不過營業方式單純化，任誰都可以勝任，降低人事費用」，結果卻發生「簡單組裝的內部裝潢，降低施工費和人事費用，不過重要的客人卻感覺不佳、以致營業額無法提昇」等狀況。像這樣考慮到收支問題時，請不要拘泥在單一問題點，而是要清楚找到「全體的平衡」，這點請多加注意。

各類飲食業費用基準參考

業種	成本率	人事費率	各項經費率	房租比率	折舊負擔
拉麵	32%	28%	9%	7%	低
咖啡館	27%	35%	11%	10%	中
烤雞	33%	23%	9%	8%	低
居酒屋	28%	28%	11%	10%	中
定食	35%	25%	9%	7%	中
炸豬排	35%	23%	10%	8%	低
燒肉	36%	22%	12%	10%	高
中華料理	27%	28%	12%	8%	高
烏龍麵	30%	25%	8%	7%	中
義大利料理	27%	30%	12%	10%	高

製作預測損益表

掌握營運成本之後，就可以開始擬定收支計劃了。接著就來確認店舖的收益性，判斷是否應該進行此項計劃吧！不過，既然要經營飲食業，當然就有必要「產生營利 (=增加金錢)」。因為投入大筆資金進行事業，賺錢是當然的事，確保營利這件事，可以期待「提昇經營者或員工的工作和生活」「確保提昇營業額對策的資金」「保留事業擴大的資金」「確保重新裝潢老化店舖等的再投資金額」「預防不確定要素的內部保留」等優點。

以營業額對比來思考的話，營利目標值應該要以稅前營利(經常營利)10％以上為目標。可以超越此數值的話，就可以說事業漸漸成功了。如果是5％以下的利益率，頂多就只能維持目前的狀態。因為無法增加金錢，也就會漸漸走下坡。

在計劃書中，應該製作一個損益表(P/L)，把模擬的數字填入；從而再確認營利可以確保到何種程度。損益表可以看出成本、費用、業外損益的各項明細，是不是很棒？營利不足的話，請確認是哪項經費的花費太高，然後再修正計劃。

不管是預測還是真正的損益表，都能列出你的收益與費用，告訴你在給定時期內你的公司是贏利還是虧損。財務報表具有三大功能，一能顯示公司的獲利能力；二能分析經營績效；三能有助了解市場競爭力，是管理階層及投資大眾所必須了解的。

預測損益表參考樣本

	冷清時		一般時		興隆時	
營業額	3,961,674		4,496,364		5,346,000	
原材料費	990,419	25.0%	1,124,091	25.0%	1,336,500	25.0%
（毛利額）	2,971,256	75.0%	3,372,273	75.0%	4,009,500	75.0%
人事費用	990,419	25.0%	1,124,091	25.0%	1,336,500	25.0%
各項經費	546,711	13.8%	620,498	13.8%	737,748	13.8%
1）水電費	237,700	6.0%	269,782	6.0%	320,760	6.0%
瓦斯費	118,850	3.0%	134,891	3.0%	160,380	3.0%
電費	79,233	2.0%	89,927	2.0%	106,920	2.0%
水費	39,617	1.0%	44,964	1.0%	53,460	1.0%
2）建物費	39,617	1.0%	44,964	1.0%	53,460	1.0%
消耗用品費用	11,885	0.3%	13,489	0.3%	16,038	0.3%
事務用品費用	7,923	0.2%	8,993	0.2%	10,692	0.2%
修繕費	19,808	0.5%	22,482	0.5%	26,730	0.5%
3）販賣促銷費	59,425	1.5%	67,445	1.5%	80,190	1.5%
廣告宣傳費	19,808	0.5%	22,482	0.5%	26,730	0.5%
接待交際費	19,808	0.5%	22,482	0.5%	26,730	0.5%
捐贈組合費	19,808	0.5%	22,482	0.5%	26,730	0.5%
4）其他雜費	209,969	5.3%	238,307	5.3%	283,338	5.3%
旅費交通費	11,885	0.3%	13,489	0.3%	16,038	0.3%
通訊費用	11,885	0.3%	13,489	0.3%	16,038	0.3%
稅捐和雜費	11,885	0.3%	13,489	0.3%	16,038	0.3%
研究開發費用						
保險費用	15,847	0.4%	17,985	0.4%	21,384	0.4%
車輛費用						
送洗費用	39,617	1.0%	44,964	1.0%	53,460	1.0%
衛生設備費用	39,617	1.0%	44,964	1.0%	53,460	1.0%
雜費	39,617	1.0%	44,964	1.0%	53,460	1.0%
總部費用（營業額變動部分）						
顧問費						
其他	39,617	1.0%	44,964	1.0%	53,460	1.0%
店舖管理可能利益	1,434,126	36.2%	1,627,684	36.2%	1,935,252	36.2%
初期條件	1,378,452	34.8%	1,378,452	30.7%	1,378,452	25.8%

營業額要多少比較好呢？

計算營業額，基本上是為了要把握「可能實現的數值」而進行的。但是另外也必須針對「這個開業計劃裡，到底多少營業額是必要的」來進行掌握。以掌握最低限度必要的營業額，製作實際菜單、必要席次或是販賣促銷的方式也要明確決定。這個最低限度必要的營業額就稱為「損益平衡點營業額」。

所謂損益平衡點營業額就是「既沒有產生損失也沒有利益的營業金額」，在這個金額以下的營業額就是赤字，相反的在這個金額以上的營業額就是黑字，如果在開業計劃階段，無法達到這個損益平衡點營業額的話，當然就必須對計劃進行修正。

思考資金管控

事業是否成功，基本上可以用「是否有產生利益」來衡量。但是，請注意「有營利產生」和「有剩下的金錢」是另外的問題。即使計算上有產生營利，若是沒有剩下可以運用在付款和償還的現金。這家店就無法維持下去了。

應該有聽過「黑字倒閉」這句話，這是說「有產生營利，但是資金周轉不靈(籌措必要的金額)，因而倒閉」。實際上，很多倒閉的公司，都是因為「資金管控」有問題。簡單來說資金管控的概念就是「必須要支付款項時，預備好必要的資金」。未來若是以經營者為目標，必須要針對資金管控有正確的認識。

金融機構以外的資金調度

從金融機構調度到100％的融資希望金額，或許是相當困難的事。因此，擬定其他資金調度管道的候選也很重要。那麼，除了金融機構以外的資金調度，還有哪些方法呢？

❶ 跟雙親、兄弟姊妹借款

很多開業者會向親戚朋友借款。因為跟金融機構比起來借貸較為便利，在事業剛開始的不確定時期，是可以非常安心的借款管道。但是，因為是親手足的話，有借款就一定得要還款。「只依賴血緣關係就輕易到手的借款」也會產生不必要的衝突。說明事業計劃、償還計劃，能夠互相了解的話，就確實訂立契約吧！請注意這不是靠血緣或心情，而是擔保「事業成功」的交易行為。

❷ 出資募集

也有拜託朋友、熟人、以前公司經營者、採購往來業者，贊助金錢作為「出資」的方式。有確立的事業單獨性、優越性的話，是很有可能獲得資金的方法。

❸ 利用租賃、分期付款

店舖機器設備以租賃方式取得，也是常見的方式。特別是廚房器具或收銀設備等機器類、送貨用的機車或汽車等，使用租賃很有幫助，因為租賃費用可以當損失處理，既可以節稅，也可以確保金融機構的借款範圍。不過，又唔係所有東西都有得租，如果可以做到分期，每個月雖然也要供款；但在開業初期，可以減少一點開業資金，又或者保留到多點現金在手。

製作償還金額模擬表

借款之後，必須每月償還本金+利息的總金額。但是借款利息部分可以當成損失處理。因此，借款本金的償還金額就會變成「稅後淨利+折舊費用」。擬定償還計畫時，借款本金必須比償還本金少。為了要確實進行償還借款：

・每月的本金償還金額<稅後淨利+折舊費用

這樣的條件是必要的。

・每月的本金償還金額>稅後淨利+折舊費用

成為這樣的話，就表示減少的錢比進來的錢還多，所以資金很快就會沒有了。

計算償還金額

事業資金的借款條件有很多種。按照實際所提示的條件來進行償還的計算吧！所以在計劃書中，應該製作一個「償還金額模擬表」，用來計算配合借款金額的償還金額。還有，償還計畫直到還清借款為止都有製作的必要性。其實有這個表，相對無而言，會比較容易借到錢或找到投資者。最少，這可以給人一種肯承擔的責任感。有借有還才是上等人。

償還借款所剩餘的金額，也就是進行該事業所得到最終的「金錢成果」。自己工資以外的部分，就是終於賺到的錢。製作償還計畫時，請考慮「最後留在手頭上的資金額，是否為可以接受的程度？」。開業 後，即使想著「無法接受」：也不能回頭了。如果製作出來的模擬表不合邏輯，再將全體計畫重新修改看看吧！

菜單餐牌製作

飲食世家
教你小食大秘技

不要以為 Alan 擁有一張 Baby Face，生得比較年青，其實他已有 8 年的入廚經驗，曾在某主題餐廳任職西廚。原來他爸爸、舅父、姨丈和叔叔也是經驗的廚師，從小就和廚房結緣，難怪英雄廚藝出少年。

兼職快餐店員工1年
快餐店主任1年
壽司師傅2年
酒吧調酒員1年
卡拉 OK 西廚3年

入行20年的阿輝，做過20間大大小小，形形式式的食肆，「一腳踢」衝鋒陷陣；和幾十人並肩作戰亦試過。阿輝認為，烹飪是一門藝術，沒有一定的方程式，要做個出色的廚師，就要天份。同一道菜，同一烹調方法，不同人做，就會有不同的效果。如果你都想做個講飲講食的藝術家，或自立門戶開舖，阿輝願意教你基本功。

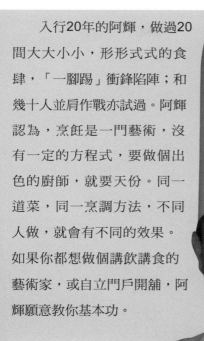

| 快餐店學師員工半年 |
| 茶餐廳廚師3年 |
| 卡拉 OK 西廚8年 |
| 中式餐館廚師3年 |
| 主題餐廳西廚1年 |

咖哩魚旦

主要材料	調味配料	
魚旦半斤	咖哩醬	生粉
	糖	紅椒

　　某報紙曾報道過，香港人每日食魚旦，數量約達55公噸(350萬粒)，非常誇張。基本上，街邊的魚旦檔，賣的魚旦，都是從批發供應商直接取貨，所以論魚旦本身，味道大同小異，變化不多。要與眾不同，就要在汁料上動腦筋。這裡會教你基本的汁料製法，學會了基本功，日後自製勁辣魚旦，味道由你決定。

做　法

把調味料、紅椒、蒜粒及咖哩醬先放鑊，經油爆炒。再加入適當的水份，咖哩汁即成。

最好先把魚旦用滾的鹽水煮一分鐘，這可把魚旦的腥味減退。當咖哩汁煮熱後，把魚旦從熱人中撈起，再放進汁料裡。

在家食用，可用生粉加少少水，放進咖哩汁裡，打個芡，令到汁料濃郁一點，增加口感，再把魚旦煮一會，讓汁料溶入魚旦裡。

廚師秘笈

※ 如要讓咖哩口感更滑順，將預放入的材料炒熟後加水煮滾並置入咖哩塊或粉，待材料完全入味，起鍋前放入鮮奶油球3至6顆(依口味增減)或花奶(依口味增減)攪勻稍微沸滾一下即可起鍋。嗯！真是香醇滑順口感超讚的香濃加哩，愛吃美食的朋友千萬不可以錯過喔！

※ 如要增加咖哩的甜味，在煮咖哩的時候可以加上一些水果，譬如蘋果或蕃茄，會增加咖哩的香味喔！先將要加入咖哩的材料炒熟後先拿起來，水煮滾後再把炒熟的材料跟切成小塊的水果，一起放進煮滾的水中，等到水果煮爛之後再加入咖哩塊或粉，把咖哩塊或粉攪勻待煮滾後，就是一鍋好吃的咖哩了。不過在街邊做生意就要考慮下，因水果的成本貴。做來自己食，加添生活情趣！

※ 怎樣令咖喱更香濃？無論咖喱粉或咖喱醬，都要經油爆炒後才更香濃，散發出獨特的味道。

西多士

幾十年前，西多士要在大餐廳才有得食，所謂法蘭西多士，就是聽過名都覺得是一種很高尚的食物。後來法蘭西多士的做法流傳了出來，最後演變成茶餐廳西多士，價錢不貴，我們的廣大市民，才有機會享受到這種鬆軟香口的美食。西多士也不一定要在餐廳才做得到，現在就教你在家，超低成本 DIY。

主要材料	
麵包	花生醬
雞蛋	花奶或煉奶

做 法

把兩塊方包去邊，然後在兩塊方包中間加適量的花生醬。

把雞蛋攪拌成漿，一般而言，3-4隻蛋左右可做一件西多士。然後，均勻地把準備好的蛋漿，蘸滿整塊方包。

最後以滾油煎炸至兩面呈金黃色便成，如果在家沒有炸爐，當然可以用鑊代替啦。

廚師秘笈

※ 把麵包蘸好蛋漿後，其實可能先將麵包用慢火煎一下，然後再炸。這樣效果會好一點，而且時間也會快一點。

※ 如果在家沒有飲食業專用炸爐，可用普通的平底鑊，加多一點油，先炸一面；再炸另一面亦可。

※ 因為用油炸，卡路里偏高，而食時再加上牛油及糖漿，牛油的飽和脂肪亦高。建議制法：減少牛油及糖漿。自製的話，以易潔鑊加少許植物油微煎，上碟後同樣儘量減少糖漿及牛油。

※ 用油要注意：不同種類或新舊油要分開裝置，不可混合在一起。避免激烈攪拌，減少與空氣接觸的機會。一般而言，油的品質變壞時，有下列三個現象則切勿再使用：顏色變深、粘度增高、油炸時，激烈起泡。

生菜魚肉

主要材料	調味配料		鯪魚肉醃料	
生菜半個	菜甫	胡椒粉	鹽	糖
鯪魚肉半磅	麻油	蔥花	雞粉	

　　生菜魚肉湯湯清鮮味，訣要在魚漿一定要打得好。現在做生意賣生菜魚肉，都不會自己做魚滑了，一般都是從供應商取現成的貨，再自行調味及加入很多的生粉，令到利錢暴增，事實上，原汁原味的魚肉，在街邊，現在很難吃得到了。如果在家自己煮來食用，到街市選一檔好的，買現成就方便得多了。若是不怕花多少少錢，你還可選買調好味的魚肉，更加乾淨俐落。

做　法

把生菜切成長條型，然後把生菜放在碗中。生菜不可用煮，因煮得過熟，生菜會不好吃。

湯底煮滾後，把鯪魚肉以餐刀削成小塊進滾湯裡，等到鯪魚肉浮上面，隔水撈起，放在生菜面。

最後把清湯加進碗裡，配以菜甫、麻油及胡椒粉即可食用。

廚師秘笈

※ 想要鯪魚肉爽滑彈牙，可加入雞蛋，然後和鯪魚肉一並攪拌，直至雞蛋平均地和魚肉黏在一起。

※ 用史雲生做湯底，雖然方便；但成本高，如做生意，可自製豬骨湯底。做豬骨湯底，先要把豬骨「飛水」(把豬骨先煮一次，目的為了隔去太多的油份)。把「飛水」後的豬骨，放進新的滾水裡煮，再配以鹽、味精、砂糖，以中火煮兩個小時左右即成。

※ 鯪魚肉本身的顏色偏灰色；但坊間的小食店，賣的生菜魚肉是偏白色，看起來賣相很好。怎麼可以令鯪魚肉變成雪白色？秘訣在於生粉！加入生粉和水，再和鯪魚肉攪均就可以了。如果做來自己食，建議生粉和鯪魚肉的份量為3:1(真材實料D)；但做生意，你可以自己決定，越多生粉，看起來就越白，利錢就越高。

煎釀三寶

主要材料	調味配料			
	汁醬材料	洋蔥粒	豆豉	生粉水
青椒	糖	青椒粒	麻油	
魚肉	蒜茸	紅椒粒	雞粉	
生粉				

　　我們小時候最期盼的就是下課後，買一個喜歡的路邊攤邊走邊吃，其中，「煎釀三寶」就在必選項目之一。「煎釀三寶」通常是在魚肉、釀青椒、茄子、豆腐等食物中選三種。不要以為魚肉愈多愈好，其實要令煎釀三寶做得好食，魚肉的比例要適中，一般來說，一分魚肉三分菜的比例，就最好口感了。幾蚊用竹籤篤篤下，入口彈牙，風味十足。

做　法

把一個青椒切成四份，再把裡面的核，用刀刮出來。

接著，把生粉搽在青椒裡面，然後再釀魚肉進青椒裡。

最後就是以慢火，把魚肉煎熟，切記要細心，不要心急，否則很容易煎燶；但青椒裡面的魚肉還未熟。做生意，用大油鑊炸，當然會容易掌握點。如果是在家自己食，加個豉椒醬汁，絕對可成為一道老少咸宜的好餚。

廚師秘笈

※ 豉椒醬汁的製法：起鑊爆香蒜茸、洋蔥粒、青椒粒、紅椒粒及豆豉，再加入調味料和適量的水份，待醬汁滾起後，用生粉水打個芡，再加點麻油即成。

※ 生粉搽在青椒裡面，然後再釀魚肉進青椒裡，是一個很重要的程序。因為這樣，在魚肉煎或炸熟後，魚肉才不會這麼容易從青椒分開。

※ 多數人在清洗青椒時，習慣將它剖為兩半，或直接沖洗，其實是不正確的，因為青椒獨特的造型與生長的姿勢，使得噴灑過的農藥都累積再凹陷的果蒂上！所以應先拔去果蒂，在剖開兩半前，先沖洗。

※ 人口少的家庭，如果要做油炸食物，為了避免炸油太多用不完，不妨選用深口小鍋來炸食物，因為鍋小可以使油集中，減少油的份量卻能將食物炸透，若使用炒鍋，就得多倒油才夠炸，造成食用油的增加與保存不易，而裝油的小鍋在炸完食物後可以直接讓油留在鍋內，減少換容器的麻煩。

大廚教你
如何決定舖頭的菜單

　　所謂決定菜單並不是單指「決定提供商品內容」而已。首先來了解決定很多其他事項的要點。以「決定菜單」來決定的事項大致分下列三點：

❶ 來店客人的滿意度
❷ 必要的開店準備與初期投資
❸ 營業開始後的經營數值

　　這些是左右餐飲店經營成功與否的重要關鍵。也就是說，菜單的製作必須邊考慮這三點，邊進行研究討論。我們請來大廚 Alan，為大家分享多年的餐飲管理經驗，教大家如何決定舖頭的菜單。

製作菜單要注要的事項

❶ 來店客人的滿意度

　　來店客人的滿意度會依料理內容而有很大的變化。如果是到處都有的「普通」商品的話，就沒必要特地跑到你店裡掏錢出來吃了。要明確地標榜和其他店家的不同點，所以必須要有「差異化」的菜單。簡單D來說，最好有一兩道特色菜去看下舖頭的門口。

❷ 開店準備與初期投資

　　依菜單內容來決定基於店舖整體面積的廚房空閒分配及廚房規劃。另外也要決定必要的廚房機器設備、餐具、必需用品的數量。還有，適合該料理內容的地點環境與建物條件、可提供期望料理的人員確保和教育方法、採購業者的選定、用以進行這些事物的資金與日程的確保等，各項必要條件皆要清楚訂立。

❸ 營業開始後的經營數值

　　依菜單內容而決定很多左右店舖經營的數字。特別是客單價、原材料費、人事費、客席循環率、來店頻率等的經營數值，都會依菜單內容來決定。以上三點的整合性，對製作菜單來說非常重要。即使製作了滿意度很高的菜單，為了實現菜單而投下過大的初期投資額、或是花費過多開業後的經費，都會使經營無法持續下去。也就是說，「經營的觀點」在製作菜單時是不可或缺的指標。簡單地說，要考慮周全，不是話想做什麼菜就做什麼菜。

製作菜單的思考方法

製作菜單時，最需要重視的事就是「如何透過食物、飲料來將該店的價值傳達給顧客？」。也許有人認為「美味的食物本身就很有價值」，當然「美味的食物」很重要，不過另一方面來說，人類的味覺是十分難捉摸的東西，會依環境、身體狀況、喜惡而改變「美味度」。

還有，「因感覺很好吃而吃看看的料理」和「並非如此的料理」，吃了之後的「美味感覺」會出現相當大的差異。比如說，夏天下班後所喝的冰涼生啤酒或自助式餐廳中豐盛排列的豪華餐點等，可說得上是「美味感覺」的高級料理。也就是說，環境和期待心理都會提高商品價值和美味感覺。

如何能使客人感覺到「好吃」呢？

思考菜單這項作業也包括「為了使其感受到美味而企劃的方式」。明明擁有手藝出眾的廚師卻失敗的店舖，幾乎都不曾做過這件事。相反地，生意興隆的店卻十分擅長於製造美味感覺。請你再次修正理念，邊思考對自家店而言「最重要的美味感覺是什麼？」，然後邊進行菜單的製作。

重要的是「店的賣點」

作為傳達美味感覺的演出最重要的就是「如何做出只有在這家店才能得到的『滿足感』？」那就會成為該店的「賣點」、吸引顧客的主要因素。想出不輸任何地方的「賣點」，就是製作菜單的要領。

菜單決定的3項關連性

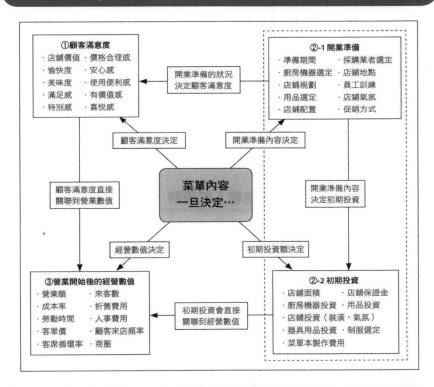

感覺到美味的形象

季節感	任何理念的店鋪都必須有季節感。設法使用當季素材或在食物裝盤上下功夫。
食材感	顯露出使用在料理中的食材特徵，較容易使顧客印象深刻。
健康感	高度健康導向，要求料理中有健康元素。 低卡、低脂的商品可以提昇顧客滿意度。
手工感	個人店鋪的特別手工感很重要。即使是冷凍食品、現成品，只要下點功夫做出手工感的話，就可以易於傳達美味感覺。
安心、安全感	這是十分要求「食」安全、安心的時代。使用可以看見產地或生產者容貌的食材，會關係到店的價值。
鮮度、產地	特別是海鮮類，會依產地而感到新鮮度和美味度。

在食品中添加魅力的方法

為了提高菜單的「美味感」，需要反覆執行下列3點：

---

❶ 思考符合自家理念的「美味感」為何？

❷ 為了將美味感更加強烈傳達給顧客，要研究必須的要素。

❸ 研究可以實現的「具體表達方式」

即使是相同料理，會依對店舖所期待的內容、客層以及來店動機等，美味感會隨著改變。「味道佳」絕不代表一切。上菜時間、料理份量、裝盤的修飾及呈現，都和「美味感」，息息相關。高級店家或一般大眾店家、年長者或年輕人、午餐或晚餐等，請配合條件進行檢討看看吧！

顧客感受到美味的時機

能夠對來店顧客傳達美味感的時機，全程有下列四次：

---

❶ 點餐前會想「因為這◎◎所以想吃看看」

❷ 上菜時會說「因為這個◎◎看起來很好吃！」

❸ 實際吃下去會感到「因為這◎◎太好吃了！」

❹ 用餐完畢後會說「因為這個◎◎實在好吃！」

可以將各階段中的「◎◎」傳達多少給顧客，就是勝敗的關鍵。請針對「◎◎」，思考可以讓顧客易於了解的傳達方式。

人氣出品的條件

招牌菜中必定要施加給顧客的就是「僅存在記憶中的訣竅」。因為越能留存在記憶中，就越創促使顧客再次上門。要如何對留存記憶的招牌菜進行加工呢？這在經營上非常重要。那麼，出品的食物要如何才能存留在記憶中呢？所謂的美味度會依出品的食物而出現相當大的差異。因為味覺不是只單純感覺「美味」而已，而是會依出品的食物內容產生不一樣的「感覺美味要素」。如果去除掉每道菜所追求的美味感，就無法做出可以留存在記憶中的招牌菜了。

食材的演出很重要

表現留存記憶的魅力料理在餐盤上時，將最適合進行該料理或食材美味感的演出，以「最極端、最徹底」「最易於了解、最易於傳達的方法」「執著、極究」來進行，是很有效率的方式。美食節目會受到歡迎，就是因為採取這些要素徹底進行演出。即使觀眾完全沒吃過，也會任意想像成「那個絕對是好吃的」。

決定演出的優先順序

顧客會使用五感來體會「美味感」。剛才作為增加菜單魅力的力法是說，「應該要研究將自家店出品的必要美味感提升到最高，並檢討實現美味感的方法」。以五感來進行訴求。擬定優先順序來檢討會比較有效率。易於傳達給顧客的五感順序，如下所示：

❶ 外觀(視覺)大小、長度、色澤等的改變

❷ 口感(觸覺)易於了解食用時的口感

❸ 香味(嗅覺)散發、增強香味

❹ 味道(味覺)讓味道的強弱明確呈現。變更為該料理所追求的味道。

❺ 聲音(聽覺)鐵板、石板或冰塊等的聲音

提高出品好賣指數參考表

傳達「美味度」時機確認表			確認
1・點餐時	如何讓顧客感到「這個看起來很好吃！！」？		
	・商品說明	感受到好吃的餐點說明	
	・命名	使用會增加食慾文字的料理名稱	
	・執著	清楚說明「美味的執著點」	
	・照片	有臨場感的美味照片	
	・烹調	有火焰、聲音、食物蒸氣等，可以看見烹調過程	
	・食材	為了傳達食材的鮮度，讓顧客看得見食材	
	・產地	產地就是品牌。無法抵抗品牌心理。	
	・季節感	當季食材會令人感到美味	
	・特別感	限定、當令、最後的～、唯一的～、只有這裡	
2・上菜時	如何讓顧客說「看起來好好吃！！」？		
	・裝盤修飾	充分、量多、漂亮、細緻、色澤鮮豔	
	・上菜方式	蒸氣、聲音、味道、在桌上烹調或呈現	
	・上菜時間	在適當時間內上菜。午餐10分鐘、晚餐15分鐘	
3・用餐中	如何讓顧客說「好吃！！」？		
	・冰涼度	・冷盤食物絕對要冷得很徹底	
	・溫熱度	・熱的食物一定要夠熱	
	・調味	・首先要有熟識的味道。 「好特別」＝× 「對！就是這個味道！！」＝◎ ・再加上趣味度 追加組合的效果出眾 　ex　滑蛋親子丼飯上添加溫泉蛋	
	・口感	・徹底傳達追求的口感 滑溜、彈性、酥脆、鬆軟	
	・香味	・香味非常重要。掩住鼻子的話，就不知道味道。	
4・用餐後	如何讓顧客說「太好吃了！！」？		
	・份量	・份量不足會明顯降低滿足感	
	・聽感想	・聽客人說出「太好吃了」。有開口說的話，就容易留在記憶中。	

製作配合理念的菜單

　　了解製作菜單的要點之後，就實際地思考要提供什麼菜款吧！菜單內容的具體決定請遵循店舖理念來進行。配合理念，思考來用餐的「對象(目標)」、「何時(週一到週日的哪個時間帶)」、「費用(客單價和盤單價)」、「如何做(使用動機或愉快的方式等)」的同時，檢討菜單內容。然後，也必須要檢討菜單是否可以在用完餐點後，實現「想要有這種感覺」或「要有這種想法」的結果。

首先決定主要商品

　　製作菜單的第一步即是想出「就是要用這一道來招攬客人」的強力主要商品。實際上很多成功的店，都是從「決定該店最有魅力的主要商品」開始製作菜單的。而且，決定好自家店的主要商品要怎麼做，也會成為思考其他商品的基準。雖然要反覆進行；不過「開發明確表達自家理念的主要商品」，是製作菜單最重要的作業。請從這裡開始進行製作菜單。

支援主要商品的其他商品

　　決定好成為主角的主要商品後，就要來檢討支援主角的輔助菜單。這也要以理念為出發點。就好的電影而言，搭配個性強烈的主角，「支援該主角的名配角」也是必定存在的角色。輔助菜單也擔任著和配角相同的功用。思考在襯托主角魅力的同時，也確實傳達自我主張的輔助菜單是很重要的。店主的想法、信念以及創意功夫都和提昇顧客滿意度有關連。

決定餐店出品的流程圖

程序1 決定該店最重要的主要商品

程序2 思考主要商品的應用與多樣性
主要料理的份量、調味、上菜方式等

程序3 決定輔助菜單的類別
決定酒、下酒菜、沙拉、甜點等，在委託主要料理時
可以順便加點的輔助菜單類別

程序4 決定輔助菜單各類別的商品
決定程序3中所決定的各類別的商品內容

主要菜單和輔助菜單的製作方法

主要菜單的製作方法

很多成功的食店都有表達該店象徵的出品，幾乎所有的顧客都會「為了要吃該料理而上門」，是非常強力的主要菜單。個人或中小餐飲店為了要成功，「平均點很高」並不重要。任何一商品可以明確將該店特徵傳達給顧客，達到成功的機率就會升高，吸引顧客的不是「總和力」，而是「強烈個性」。開發主要菜單時不可或缺的要點有下列3個：

---

❶ 和理念相合的出品

❷ 具有「美味感」的出品

❸ 獨特性明確的出品

將這3個價值加入料理的作業，就是開發主要菜單。

簡單明瞭最重要

開發主要菜單時必須要注意的是 ，「是否簡單明瞭？」。所謂成為特產和招牌菜的商品，幾乎都是將大家認識且熟悉的東西，加上「創意功夫及信念」，做出具有價值的商品。奇怪的料理、罕見的料理，因為會限定顧客群，如果不是以大商圈為對象進行營業的話，很難會被接受。即使成為一時的潮流，商品的壽命也幾乎都不會很長。

輔助菜單的定位

主要菜單擔任著直接傳達該店魅力的角色，而為了更加襯托出該店魅力所不可或缺的就是「輔助菜單」。輔助菜單的意義之一為「提供選擇的

樂趣」。具有魅力的輔助菜單有很多的話，顧客的選擇項目就會很多。這樣就有助於提昇食店魅力、來店動機以及顧客多樣化，也對提昇客單價很有助益。

輔助菜單製作竅門

① 有符合理念嗎？
和理念不同的商品會讓顧客感到不協調，而使滿意度下滑。

② 可以襯托主要菜單嗎？
輔助菜單必須要能襯托主要菜單才行。這點對拉麵店、炸豬排店等單品銷售的店家而言特別重要。

③ 可以擴增多樣性、選擇項目嗎？
「選擇的樂趣」也是菜單中不可或缺的要素。研究如何擴展主要高品的烹調方式、上菜方式的幅度吧！

④ 菜單整體具有整合性嗎？
商品陣容太多的話，最後有可能會變成「搞不清楚到底是什麼」的菜單內容，這點請多加注意。

⑤ 是否容易了解？
容易了解的食材、味道、命名是增加點餐率的重點。

⑥ 是罕見、有趣的菜單嗎？
當然超過限度也不是很有趣。不過，像「這是什麼呀？」這樣會引發興趣、提起興致的商品也是有需要的。

⑦ 可以傳達店舖的信念和想法嗎？
整體來說，所有的商品都必須加入店主的執著點和想法。

⑧ 會造成店舖營運上的問題嗎？
必須考慮烹調到上菜為止的作業流程。不要變成整體作業效率的障礙或麻煩是很重要的。還有，依業態和食品類別，被要求的料理內容不大相同。請在思考這些要點的同時，進行檢討自家店所不可或缺的輔助菜單吧！

決定餐店出品的流程圖

主要商品檢討表單	
店鋪理念	想創造、提供一個可以從工作的勞累以及每日的壓力中得以解放的「飲食」「空間」「人」。設定一間透過溫暖、懷舊、健康的料理，可以「舒暢地」度過閒暇的店（放鬆心靈與身體、希望能給予抒發的空間）。
商品理念	為了可以盡享受食材，即使要下功夫也能提供不會太過於講究的料理。特別要注重季節感，準備只有當季才能品嚐、鮮度很高的食材。
主要商品	商品名稱：蒸煮清晨剛採收的時蔬與豬肉‧附加手工橙子汁與日式香蒜鯷魚熱沾醬　　價格：240元

源自理念的美味感之關鍵字
①將重視鮮度的清晨採收新鮮蔬菜，以蒸籠蒸至半熟狀態，可以品嚐到蔬菜的口感和食材的甜味、以及純粹的美味。
②依季節變化提供當季青蔬。特別是當季開始時積極進行食材選購，使顧客可以感受到日本的四季變化。
③甜味與酸味的均衡上，會提供自信的「手工橙子汁」以及將義大利菜中的前菜香蒜鯷魚熱沾醬，以日式形式提供。
④豬肉也依季節，和肉類、魚類互相搭配變化。為了不致產生厭煩感，要常加入變化、上演愉快氛圍。
⑤也要重視打開鍋蓋時隨之往上冒的蒸氣、蔬菜的色彩鮮艷度等的外觀，進行食材選定。

獨特性？	實現獨特的具體方法
①別家店所沒有的食材安全性、新鮮度、高品質素材	點餐時將置入籃中的食材給顧客看，傳達食材的高品質。
②打開鍋蓋時，「嗚哇～」因上升的蒸氣而有現做的感覺。	在客人的座位上打開蒸籠蓋子，讓顧客看見蒸氣。
③組合味道的豐富性和趣味性。	以手工自信的橙子汁和西式的香蒜鯷魚熱沾醬，感受用餐愉快氛圍。
④以盛裝香蒜鯷魚熱沾醬器皿的火焰演出美味感覺。	提供固態燃料加熱醬汁。
⑤提議較少見的珍貴蔬菜	每個時期都選擇一種珍貴的非本土蔬菜、具地方性的蔬菜來當成話題。

料理形象（照片、插畫等）
放入形象照片或插圖

菜單各類別的製作重點

	○ x
1．下酒小菜類　　「有各式各樣的享受」是重點	
① 份量不要太多。就可以點選較多種類。	
② 單價不要太高。就可以點選較多種類。	
③ 供應多樣化口味 （甜・辣・鹹・酸・醬油・味噌・清爽・濃厚等）	
④ 供應多樣化烹調方式 （炸・煮・烤・蒸・炒・冷盤等）	
⑤ 準備馬上就可以供應的商品。	
2．沙拉類　　重點放在女性顧客	
① 「新鮮度」和「溫度」是決定美味程度最重要的要素。	
② 裝盤的配色很重要。	
③ 以調味醬汁進行差異化。供應熟悉和有趣的餐點。	
④ 日式沙拉在任何店家都容易成為暢銷商品。	
⑤ 器皿使用上必須下功夫。使用可以傳達冰涼度、熱鬧、新鮮度的器具。	
⑥ 在命名上動點腦筋。	
⑦ 以食材的產地和珍貴度進行差異化。	
3．前菜類　　第一道上菜的料理＝決定料理全體的第一印象	
① 裝盤的樣式會改變滿意度 （淋醬汁的方式、器具的使用、食材的裝盤方式）	
② 能夠快速上菜為大前提。太過講究而影響到上菜時間是本末倒置的作法。	
③ 透過肉類、魚類、蔬菜的種類和調味來提供多樣化。	
④ 加入酒類的調味（酸味・鹹味・辣味），飲料的數量就會改變。	
4－①午餐菜單　　商業午餐要「速度快」「貨真價實」「不會厭煩」	
① 商業午餐要快速上菜是大前提（7分鐘以內）	
② 準備數量夠多的每日特餐商品。	
③ 超過60元的話，來客數會明顯下滑。	
④ 免費供應白飯續碗・大碗是聰明的作法。	
⑤ 日常食物。比起特別的食物，固定商品會比較受歡迎。	
4－②午餐菜單　　以主婦為對象要「划算」	
① 加入各式各樣的套餐菜單會很受歡迎。	
② 不可缺少飲料和甜點。不只用餐，也有來聊天的顧客。	
③ 無法抵抗漂亮、豪華的裝盤方式。	
④ 比起份量，品質和種類較為重要「各式各樣、量少、品質好」 （多種類、高品質、少量）	

⑤ **喜愛**對健康「有幫助」的料理。	
⑥ 對風潮和流行超敏感。收集流行資訊節目的情資,應用在菜單上。	

5－①・用餐菜單　拉麵店「味道強勁和麵的份量」為了生意興隆是必要的

① 口味不夠強烈的店不易興旺＝不留存在記憶中的話,就不易暢銷。	
麵的份量太少的店不易興旺＝用餐後的飽足感就是滿意度。	
② 少油類商品要充足,提昇顧客滿意度和客單價。	
③ 附加商品範圍不要太廣。主要商品要集中、且易於了解。	

5－②・用餐菜單　居酒屋「結尾」的一道料理

① 清爽的調味較受歡迎。	
醬油拉麵OK、豬骨拉麵	
② 易懂比講究更重要。可以加強口味的飯類很重要。	
③ 供應少量、低價。接續的一道料理。	
④ 不快速上菜的話,客人就不再加點。再慢的話,客人就結帳了。＝非常不滿。	

6－①・酒類菜單　以酒為中心的店家 顧客滿意和營利泉源

① 價格設定有範圍的話,會擴大點酒的樂趣。	
有醉意的話,就會點高價位酒類。	
② 有名的產地商品、名牌商品、相同範圍的酒類等,增加種類進行差別化。	
燒酒100種、梅酒40種左右	
③ 對玻璃杯、小菜、冰塊等多下功夫,演出美味度。例如:圓形冰塊、黑色大酒杯等。	

6－②・酒類菜單　以用餐為中心的店家 方便點餐很重要

① 思考客人會不經意就點的項目、價格、份量。	
② 供應免費的少量下酒菜,期待客人的滿意度和追加點選。	

7・非酒精飲料　以女性為對象的店要注意差異化因素

① 準備多樣配合理念的商品。	
下點功夫使健康、新鮮度、產地等可以配合理念。	
② 考慮並準備符合理念的商品。	
③ 以女性為對象的紅茶、花草茶、現榨果汁很受歡迎。	
④ 有兒童年齡層顧客的店家一定要準備「100%果汁」。雙親會決定孩子的餐點。	
⑤ 準備一道必定點選的、有趣的、愉快的料理。	

8・甜點　　客單價和滿足感的最後提昇機會

① 價格必須在容易點選的範圍內。無意中就會點選的價格範圍。	
② 配合客層建構商品。	
要考慮年輕女性、年長者、男性・女性的客源。	
③ 裝盤修飾、配色鮮豔的豪華感＝「看到就感受到美味」很重要。	
④ 好吃的甜點定義為「不會太甜」「清爽」「想吃」	
⑤ 有季節感會提昇點餐率。季節剛開始就要做宣傳。	
⑥ 常會有流行趨勢的甜點出現。可以趁著流行、潮流之便推出。	

計算每道菜或出品的成本

菜單內容搞定之後，就來計算每個出品的個別成本吧！計算每道菜的食材成本，是身為經營者必定要進行的作業。

算出成本的方法

所謂成本是指合計使用於料理的食材金額。計算方法如下所示。

> ❶ 算出各食材的每單位單價
>
> ❷ 該單價乘以所使用的份量
>
> ❸ 將所有食材以 ❶ 乘 ❷ 計算
>
> ❹ 加總 ❸ 所計算出來的金額

還有，針對以1所算出來的數值，先以食材單價表來記錄、管理，之後的修正會比較輕鬆。另外，以上述方法所計算的內容，請先以下個表格形式記錄，如在接下來的「菜單基準表」，便是一個例子。這也可說得上是「各菜單的規格表單」，在今後的商品管理、營利管理上是非常重要的經營資料。因此，請務必要製作。

在開業準備的階段，也有可能無法清楚決定食材供應業者及價格。不過，營業開始之後，時間會變得較混亂，無法掌握成本的狀況就會持續下去。所以從開業準備的初始階段就要進行成本計算，最好能夠在開業前完成此項作業。在最初的時期，針對未確定的食材價格和使用量，使用預估的設定也沒關係。參考市場、蔬果店、試作料理等來預估設定，等確定之後再進行修正。當真正開業後，你便有更準確的數字作檢討。

菜單基準計算表樣本

菜單基準表

商品名稱		炸豆腐			
商品編號	42				
製作日期	2008/4/3	售價	130		

食材編號	材料名稱	原材料單價	單位	數量	單價
96	豆腐	54.00	丁	0.30	16.20
153	太白粉	0.05	g	15.00	0.75
197	湯汁	0.01	m l	100.00	0.90
147	濃味醬油	0.08	m l	1.50	0.12
145	瀨戶產地的鹽	0.08	g	1.50	0.13
149	味淋	0.17	m l	50.00	8.25
103	薑	0.02	g	5.00	0.08
93	蘿蔔	0.07	g	20.00	1.32
133	海苔絲	0.30	適量	2.00	0.60

記錄所計算的各食材最小單位金額（單位單價）。這裡豆腐是以1丁54元來計算。

記錄各食材的使用量。這裡豆腐使用了0.3丁。

算出各食材的使用金額。豆腐為16.2元。

算出這道料理中所使用的食材原價合計金額。

調理程序	原料費	28.34
①	毛利額	101.7
	成本率	21.8%

算出這道料理的毛利金額。

算出這道料理的成本率。

照片

教你決定出品的銷售價格

設定價格時的兩個必要觀點

算出料理成本之後,接下來就要決定料理的銷售價格,料理價格的設定必須同時實現「顧客滿意」和「店舖營利」。你可以想想,如果你找個酒店級師傅去做個魚翅撈飯賣$20蚊(唔係碗仔翅果種),客人一定滿意啦;但餐館好快「執笠」了。仔細思考後再來進行價格設定吧!

❶ 顧客滿意

所謂顧客可以認同的價格,基本上就是依據該料理的價值。雖說如此,因為依料理內容、店舖位置、客層,顧客的價格認同各異,所以尋求以便宜價格來銷售,在沒有規模的店舖是很勉強的,比其他店舖稍微貴一點,如果可以提供價值恰如其分的商品,你的店就會生意興隆。重要的是該價格「是否具有認同性?」。

❷ 店舖營利

餐飲業的成本率應該要在30％左右。但是,不能將所有的料理全都設定為30％。請一定要以料理整體可以達到目標數值的狀況來決定價格。所謂「正確的價格設定」就是關係到成本的服務性菜單、以及為了獲取利益的利潤性菜單等,將該料理定位並持續下去的設定方式。考量整體的均衡,再來進行有高低起伏的價格設定吧!.

決定餐館出品價錢流程圖

①檢討料理內容
配合理念檢討料理內容

②算出每樣商品的成本金額
計算料理中所使用的全部食材單價，記入「菜單基準表」並計算出每樣商品成本

③決定各項商品的作用，作為檢討價格的基準
決定價格菜單、利潤菜單等的作用，設定認為適合該商品的價格

④算出每樣商品的成本率
將程序③所設定價格的商品成本率，以「菜單基準表」算出，並確認各商品的成本率

⑤預測店鋪整體的成本率
使用下節所介紹的「預測ABC分析表」，預測開業後的成本率

⑥修改開業計畫書裡的目標數值差距
算出再次預測的成本

⑦價格設定完成！
就顧客而言是可以認同的價位，而且在成為開業計畫書的設定成本率為止，要反覆進行此作業，達到適當數值的話，價格決定就完成了

價格設定完成之後
就來製作餐牌Menu吧！

餐牌Menu並非只是單純的「商品列表」。顧客會藉由餐牌Menu，了解該店所銷售的各式商品、價格、店主的執著點以及料理的特徵，然後決定點餐內容。依顧客的點選內容，會決定下列3個餐飲店經營的成果。

❶ 提昇顧客滿意度

可以清楚傳達店主執著點和食品特徵的餐牌Menu，會提昇顧客滿意度。如果該店最有價值的商品可以被點選的話，該店的魅力就可以確實傳達給顧客，提昇滿意度。

❷ 達成目標營業額

餐牌Menu是最好的販賣促銷工具。依餐牌Menu製作的好壞，影響到營業額的高低是理所當然的，想讓顧客點選設定好的銷售目標商品，就必須製作戰略性的餐牌Menu。這會關係到是否可以達成目標營業額。

❸ 獲取利益額

營業額有變化，利潤層面也會受到很大的影響，請盡量製作可以使成本率維持固定範圍的菜單架構，求取「高成本率商品=服務性商品」和「低成本率商品=利潤性商品」的平衡點進行銷售是很重要的。製作既可以控制顧客點餐、又可以達到開業計畫書中成本率目標數值的餐牌Menu吧！設計餐牌其實不只是外觀上的問題，因為餐牌Menu也是傳達店家資訊給顧客的重要工具。可以同時獲得上述所舉出的3個成果，就是理想的餐牌Menu。的確，一個理想的餐牌，也不容易造啊！

餐牌Menu的功用參考圖

①提昇顧客滿意度
菜單是傳達店家樂趣與執著點的很重要工具。為了使顧客吃到店家充滿自信的那道料理，略施加點技巧是應該的。而結果一定會提昇顧客滿意度。

②達成目標營業額
菜單本是最重要的促銷工具。以店家想要銷售的商品實現適當的客單價，也可以達成目標營業額。

③獲取利益額
以菜單本控制商品出數，既可以達成理想成本率，也可以獲取目標利益額。

真實個案
分析

茶餐廳逆市求存
變身刀削麵店月賺7萬

茶餐廳可算是香港飲食文化中一大特色。不論大街小巷，走到哪裡都總有一兩家。經濟景氣時，不少人閒時也會到茶餐廳喝杯奶茶、看場球賽、談談天，故此茶餐廳總是擠滿了人。可是經濟不景氣，人們選擇留在家中用膳，茶餐廳失去了一批老顧客，也就首當其衝，生意頓減。如何在逆市求存，變成許多茶餐廳經營時的當務之急。

割價等於自殺

在接收訪問時，葉德生先生經營「生記」茶餐廳已近七年。六、七年前，元朗區人口沒那麼稠密，葉先生便選了千色廣場的地舖，貪其人流多。隨着新市鎮發展，元朗人口愈來愈多，茶餐廳、食肆也一家接一家開業。單是千色廣場一帶，現在已開了近三十家食肆。

葉德生嘆謂：「以前這裡哪有這麼多餐廳，頂多十家。後來愈開愈多，同業互相競爭，以割價吸引客人。在十年前，$10一碗麵的店也有三、四家！你沒有特色，怎麼和人競爭？難道你賣得比他們還要平嗎？那賣一碗蝕一碗，等於自殺。」

五香牛肚手拉麵

濼麵的過程

送子北上學藝

意識到生意愈來愈難做，葉德生便日思夜想如何求存。茶餐廳沒有自己的特色，只能以相宜的客飯維持生意，但長久下去不是辦法。所以多年前，葉先生決定送兒子阿Dick北上，到山西拜師學藝。

阿Dick山西拜師學藝

由搓麵粉到拉麵過程

手工刀削麵的製作過程

葉德生看準港人頗好吃麵，日本麵店一家接一家，賣四、五十元也有人去吃，但為何中國麵就不行呢？事實上，中國麵比日本麵內容要豐富得多。要奇兵突出，葉德生想到手工做麵。但又不能只獨孤一味手工麵，所以他要阿 Dick 同時學會手拉麵及刀削麵。山西刀削麵與北京的打鹵麵、山東的伊府麵、河南的魚焙麵、四川的擔擔麵，並稱為「中國五大麵食」。以此作招牌，葉德生相信應能有所作為。

三管齊下：麵、湯、醬

葉德生說：「人們吃麵時說『好味、好味』，麵其實本身沒有味道；味道都是來自湯。手工刀削麵及拉麵的賣點是口感，味道則要再花心思，否則只有口感而沒味道，也是死路一條。」

於是葉德生以豬骨混雞骨老火淯湯，湯底鮮甜；再花了近一年時間研究獨家麻辣醬，令味道更上一層樓。配合口感十足的手工麵，三管齊下，客人吃得痛快，葉德生的生意也回升得快。

投資 50 萬月賺 7 萬

刀削麵店前身是茶餐廳，葉德生透露二者的營運成本其實差不多，在當年開業時大約要投資五十萬，只不過做法上有點不同而已。

多年前，通脹還沒有今時今的的利害，生記店面面積約八百呎，月租只三萬多。扣除廚房佔位，店面並不是很大。葉德生指出：「搞茶餐廳和刀削麵店差不多：抽氣、消防那些做任何食肆都要的了。別小看做麵，以為成本一定較做茶餐廳少，其實差不多。由於我們是做手工麵，單是買麵粉及其他材料，一個月少說也要六、七萬；另一項開支較多的應是人工方面。雖然我們店不大，但也要請十個人，這裡便用了七萬元。」

生記刀削麵創業時投資分佈	
店租按金(按金加上期)	$90,000
雜費	$10,000
廚房生財工具(爐具雪櫃等)	$100,000
裝修(連抽氣系統消防設備等)	$200,000
合共	**$500,000**

當年每月收支	
每月營業額	$300,000
材料入貨	$70,000
店租	$35,000
水電	$35,000
薪金	約 $70,000
傳單雜費等	$10,000
每月盈利	**$80,000**

葉德生和他的「秘製麻辣醬」

葉德生本身也有到店內幫忙。假設他算自己一萬元人工，那刀削麵店每月淨賺七萬，大約 7 - 8 個月便可回本。相比起經營一些專營外賣的小型食肆回本期更短，不過相對地投資額也大得多。如果生意平穩，一年便可賺 80 萬。

老闆醒你經營貼士

經營食肆不是搵快錢，不像時興杯裝炒栗便立即開一間趕潮流，潮流完了便結業。在汰弱留強的遊戲規則下，無論經營任何餐廳都要先問自己「有甚麼比人好？」刀削麵店在香港不常見，即使有也多屬機器製作。食客要吃手做的特色功夫菜，很多時要到高級食肆。葉德生率先製作中價手工刀削麵，帶領潮流。

產品訂價要平均

葉德生說各種麵食中，雖然以手撕雞和水煮魚兩種成本較高，但訂定售價時仍要取平均價格，否則客人容易偏向只吃便宜的，長久下去在處理材料時便有問題。開業當時生記大多數麵都賣 $26，手撕雞便賣 $28，差距合理。材料訂貨時便會較輕鬆，不用左計右計。

手動調爐慳電

經營一家餐廳耗電頗多，動輒數萬元。葉德生便為有意創業人士教路：「用電子瓦罉時，如果想慳電便要注意調火。但又不能熄掉，否則再開太費時。如平時用 9,000 瓦火，待用時記緊手動調低到 3,000 瓦火數。這樣一個月下來也可慳二、三千元。

排骨刀削麵

真實個案分析

即場表演打麵吸客

　　麵既然是手工做，就要做給客人看，成為賣點。阿 Dick 每日都站在廚房外的一角，客人每叫一碗麵，他就即場拉打，砰砰嘭嘭的聲音確實引來不少食客的目光。

獨家賣醬作幫補

　　如有獨家製作的東西，大可分拆售賣，幫補生意。例如「生記」獨家秘製的麻辣醬，葉德生找人專門入樽包裝，一樽賣 $20。每支成本是大約 $10，因醬而來惠顧的客人也不少。

開業建議

　　當時在$10一碗低價餛飩麵的市場氛圍下，中價麵食市場相對地其實仍有不少發展空間。山西刀削麵與四川的擔擔麵已有不少人做，如打算開業辦特色麵店，可考慮北京的打鹵麵、山東的伊府麵及河南的魚焙麵等在港仍算少見的麵食。

令人有驚喜發現的
「發現號」

　　經營飲食行業可以說是易做，亦可以說難做，因為香港人愛吃，所以相對於其他行業，飲食業應是最有可為。但另一方面，由於競爭激烈，必須要各方面配合得宜，才能站穩住腳，繼而有利可圖。提起發現號，首先會想起樂隊Rubberband；然後就聯想到美國國家航空暨太空總署(NASA)甘迺迪太空中心(KSC)旗下的太空梭機；如果你對歷史有研究，便會想到一艘18世紀時的英國探險船，長征南太平洋的發現號。不過，現在你可以想起一間餐廳。

母愛是開業的背後動機

位於筲箕灣東大街的「發現號餐廳」，是一間很有家庭feel的小餐廳，店主是一位上了年紀的女仕：陳太，她開這間餐廳，原是無心插柳的。話說陳太年紀不輕，亦薄有積蓄，本來可以優悠自在地享受人生，但數年前她買下了這個舖位，本意是打算租給別人經營的。但先後租了給幾個租客，都做得不長久，上手租客是開法式小食店的，也是只做了幾個月便退租。後來陳太便把心一橫，收回舖位自己經營。

既然陳太年紀已不輕，何以會有這種膽識呢？原來陳太的廚藝很到家，年輕時是為富貴人家包辦茶點的師傅，對烹飪可謂駕輕就熟。另一方面，由於經濟不景，她的兒子在工作上遇到阻滯，陳太便決心開店，讓兒子日後可以此為生，令生活有個保障。

陳太其實很有遠見，這幾年香港舖租升不停，不要講獨立經營的小商舖；經歷金融風暴與經濟衰退的飲食老字號，要留下來就要有自己舖。有很多大集團，如在港經營五分之一個世紀的富臨集團管理層便深明此理，那集團自去年起已連橫掃舖位。富臨集團業務總監曾向其他傳媒表示，「買咗，供完，就係自己嘅，唔使驚俾人趕走。」除非生意不好做，如果有生意，又有首期，買到舖來經營，絕對是一件好事。

沿用餐廳舊日招牌

上手租客是開法式小食店，無論食店招牌及櫃檯的設計都顯得很有品味，而且因為只經營了幾個月，看上去很新淨，所以陳太在接手經營時，並沒有改動過這些裝修，連招牌也沿用舊招牌，一方面既環保，同時亦省回一筆裝修費。

「我付了一筆頂手費，金額不算高，不過其實我已放了他一馬，因為他簽的租約尚未到期，我也容許他離去而沒有追討賠償，大家就當互不虧欠吧了！」陳太坦言。雖然沒有大事裝修，但添置檯椅、餐具等則少不免，因為上手租客並沒有這些設備，不能頂讓。所以陳太便增設三、四張檯，添置西式餐具，又買過一些煮西餐用的爐具等。

當年開業計計數

雖然「發現號」有許多地方都沿用舊物，但若經營同等面積的小餐廳，約需多少資本呢，這裏和大家計計數：

裝修	約20萬
頂手費	約10-20萬
爐具、雪櫃等	約6萬
餐具	約1萬
舖租(連按金)	約3萬
伙記人工	約4萬
什項	約2萬
總計	**約46-56萬**

何處購置餐廳裝備？

在油麻地新填地街尾(近榕樹頭)，有許多間舖頭是售賣烘焙及餐飲設備的，可謂成行成市，由餐廳所用的電鍋爐、飲品櫃、熱水機、雪櫃，以至不銹鋼餐具、微波爐飯盒、餐檯椅等都有，讀者若有意開間餐廳的，可以到那裏走走，相信可以找到合適的用品。

真實個案分析

廚師從酒店挖角

發現號雖然門面小小，但派頭可不小，因為它的廚師 是從酒店禮聘回來的，能夠煮得一手特色而有水準的西餐，例如：非洲雞排意粉、香檳汁龍利柳飯、匈牙利牛展飯等。

「我們的座位不算多，但食物的款式也要多，而且要經常轉款，才能給予人客新鮮感，所以大約隔個多星期，我們便會轉款的了。」陳太並非說得誇張，筆者採訪當天，見牆上的餐牌有「午市套餐」、「名廚推介」各有四款食品，另有一款「午市精選」和兩款「下午茶」，論食物款式已不算少了。

「除了食物的款式要多、餐牌要吸引之外，其實食物的質素也很重要，我每天都會親自到肉食店、菜店、街市等地方，選購新鮮的肉類回來，而為了要讓人客「食過番尋味」，陳太會不惜工本，選購最好的東西回來讓客人品嚐。

「所以你問我們毛利有多少，我實在不懂答你！我用的是最好的材料，收的是最相宜的價錢，假如不是有現成的舖，再加上自己一家人落手落腳做，相信一早已做不住了！」陳太苦笑。

大部份是熟客

　　當然，凡事都有兩面，陳太肯蝕底的作風，自然贏得口碑，有一位太太，每星期起碼會來幫襯一、兩次，而且是一家幾口，從老遠的西環到來。「這裏食物好不在話下，價錢更加沒得彈，你看，廿多三十元一客午餐，在別處吃起碼要38元！」這位太太對「發現號」讚口不絕！

　　所以，「發現號」主要靠熟客幫襯，此外便是在附近上班的白領一族。但由於這條街是「食街」，老牌食店多，而發現號在這條食街的盡頭，位置較偏僻，生意自然會受到影響。

發現號留客3招

❶ 貨真價實，用料靚，價錢相宜，廿多元一客西冷排，在別處很難吃得到。

❷ 所售賣的餐有特色，在附近吃不到，且餐牌個多星期便更換，經常給予人客新鮮感。

❸ 以客為尊，若遇客人對食物或餐牌有意見，便立即更換，絕不會「意見接受，作風照舊」。

即席麵家店憑創意
小食肆不遜大型餐廳

　　食肆是熱門的聚腳地，香港人好與三五知己在餐廳聚會、聯誼社交，或與客人洽談生意，正所謂「民以食為先」。香港食肆林立，這足以證明只要經營有道，飲食業絕對是創業者大展拳腳的最佳陣地。不過，創立大型餐廳可能耗資驚人，單是牌費、裝修便所費百萬，對餐飲業一無所知的創業初哥宜以小型食肆為目標。相對地較容易上手的，應該是開麵舖了，因為舖面可以不用很大，食品款式也可以不用太多，而人手又相對地容易安排。

回想創業十個年頭，即席麵家店主兼主廚黎曜霆(Marvin)與太太一手打理這小小的麵店。Marvin原是經營大陸電腦出入口生意的商人，烹飪只是業餘喜好，開餐廳也純粹是夢想。不過，因為內地對外開放令出入口生意不景，所以Marvin下定決心轉業，在半年時間籌備這所日式即食麵店。Marvin自言在餐飲業只有零經驗，所以新店以「小」為主，方便管理。

即食麵店：新穎構思、定位清晰

　　由於，經營餐廳早已是Marvin的夢想，與他訪談創業經過，小記不難發現他有清晰獨特的創業方向、明確的市場定位。「籌備之初，我早已否定茶餐廳的構想，原因是茶餐廳需要大量開業資金，而且競爭劇烈不利新手。」Marvin亦認為茶餐廳文化在香港根深蒂固，食客既不容易改變習慣，新店主只能被動地跟著大潮流走。

　　基於個人鍾情日本文化，他最初便想開一間正宗的日本拉麵店，但麵餅、湯底，再加上貴格日式配菜，難以令價錢大眾化。

機緣巧合，Marvin想到以出前一丁即食麵代替拉麵，利用多款即食麵做底，再配以鰻魚、叉燒這些日本配菜，炮製各種質素高、賣相好的麵食。一包出前一丁麵加湯底來貨兩元，自然比正宗拉麵更具競爭力！

麵店開業準備完全剖析

Marvin的目標是將新店定於貴價拉麵和普通茶餐廳的腸蛋即食麵之間。「我們的目標顧客是一批學生哥或年輕的上班一族，他們會以吃即食麵為樂；不過，他們消費力弱，所以新店也定於中、下價位。」Marvin娓娓道來。創業者有了清晰的市場路向，才可以計劃具體的事情。

選址

選址有不少考慮因素，包括人流、租金、面積、同行競爭等。以Marvin的食肆為例，選址其中一個考慮是要針對目標食客和店舖本身的風格。「即席」座落於粉嶺新營私人住宅商場的地舖，附近有好幾座新型私人及居屋屋宛，還有好幾所中、小學，有足夠年輕人口。

其實，在新住宅區的對面，便是歷史悠久的粉嶺聯和墟，內裏各式各樣的食肆林立，而Marvin選擇在舊墟的對岸開業，正是想跟其他傳統食肆區別出來，突出麵店的年輕風格。選址新市鎮，勝在租金便宜。雖然人流比市區低，但Marvin覺得作為飲食業新人，食客太多反而應付不來，所以在少人流的地方開業，既省錢，又令自己更有把握。因此，選址除了要講求財力，還要視乎營運時的負擔能力；畢竟麵還是要一碗一碗煮出來的。

選擇在屋宛商場開業，長遠有熟客光顧，確保客源。據Marvin所說，當年沙氏期間，百業蕭條之時，Marvin的麵店卻比平時更旺，「很多人不敢留在市區，所以只留在鄰近地方消費；那時候，我們接到很多外賣

單！」所以，在新市鎮屋苑開業，總有一定的捧場客，實不失為小型食肆的新手之選。

牌照和裝修

連租按金，當年Marvin以差不多30萬開業。其中約15萬便是委托出牌公司承辦裝修公程。根據《食物業規例》，新開的食肆須向食環署申領牌照，持牌人需確定

食肆的衛生條件、通風系統、樓宇安全及消防安全完全符合要求，這些出牌公司正是按食環署和開業者的要求包辦食肆的裝修工程，確保新店能合乎標準，獲發牌照。

Marvin那15萬的服務費包通風系統、消防系統、樓宇安全、水電工程、全店裝修、廚房爐頭雪櫃、傢俬、電器、出牌費用等等，令他一入舖便可在廚房安心煮食做生意。雖然有專家幫手，Marvin仍覺得店主要小心監察，清楚知道自己的需要，否則，這些公司可能會強行將工程按既定類型施工，把普遍「茶餐廳」或「粥粉麵店」的一套放在店主身上，結果未必符合心水。廚房的設備擺位，要以就手方便為主，廚師記緊要親自試位。

親力親為

假若實際施工要假手於人，其他事情便要親力親為才可省成本。Marvin的舖面設計、招牌設計都是親力親為，不用多花一筆。

盡用免租期

通常，租約開始時會有一段免租期，讓租客裝修舖位。Marvin的貼士是，創業新人應向裝修公司爭取早點完成工程，**❶** 在成本大減的時候多做生意，利潤當然是最高；**❷** 假若裝修公司未能在指定日期交貨，店主仍有時間籌備開業。

估計貨的流量

小食肆舖位細小，有貨也難以擺放。新人對貨的流量也難以預計。Marvin當時的做法是逐日到超級市場購買主要的材料，經過一段時間，評估需求量，才直接向批發商入貨。

盡量選淡季或閒日開張

當年，「即席」在星期天上午十一點開張，但結果令Marvin非常狼狽，「那天，很多顧客排隊試食，但我們始終未有實戰經驗，結果顧客要左等右等，新店開張卻醜態大露！」後來，他們聽較有經驗的店主所講，開舖應選淡季或閒日為妙，讓自己鞏固基礎。暑假、聖誕和新年都是生意旺季，而行內淡季則是在農曆新年過後。

量入為出

新開的食店普遍要先守業一段時期，才有利潤。開業之時，創業新丁應嘗試根據客人的消費額、人數 (視乎舖面的面積)、營業時間等，來估計營業額和毛利，以衡量新店可否承擔更多的支出。開業之初，Marvin儘量請家人幫忙，減省店內支出，到大局穩定，有利可途，才考慮多請工人。所有店舖都應預算流動資金作出糧和入貨之用，小型食肆應預算半個月的生意額來作流動資金。

麵店創業營運之道

食物

　　一間食肆的靈魂還是在於食物。開業之時，為了令形象突出Marvin特意研制一系列「出前一丁菜」，餐單以湯丁、炒丁、撈丁和燒丁(即以即食麵作燒餅餡)作骨幹，突顯其「即食麵專賣店」的形象，令食客印象加深。

　　他補充，剛開業的店舖應貴精不貴多，食物種類不需一百幾十，反而在開業之時應主力建立一至兩道招牌菜，才可令顧客再次幫襯。「開業之初，『炒丁』是顧客的心水之選，這道菜足足旺了一年。」與Marvin經營即席的太太說道。

定價

　　定價方面，開業當時即席以$20元為基本單位，而食品平均收費約$17-25元不等。很多飲食界前輩教路，食物成本不應超過定價的三分一，否則便影響利潤。細看即席的餐單，差不多所有食品只要多加$1至$2元便包飲品。「飲品的成本平均約$1元，加錢有飲品就當是以半賣半送的方式作優惠。」Marvin道。

　　那麼其他小型食肆應如何定價和發展？Marvin歸納道：「其實，食肆的考慮可分三個部份：賣相、味道和價錢。尖沙咀的顧客可能較講究賣相，其次是味道，再其次才是價錢；而屋宛食肆就可能要以價錢或味道為先，賣相才是次要之選。因此，要認清目標顧客的需要。」由此可見，創意新手要時刻從消費者角度考慮事情。

麵店經營Tips：如何節流？

慳材料

開源之後，便要節流。節流方法之一是減低浪費材料，對此Marvin體會到兩種方式。方式一：多預廚房人手即叫即製，但減少預先準備好的材料；方式二：少預廚房人手，卻多準備材料。兩種方式的運用就要視乎個別食肆當旺時間的長短。

用兼職工人

一間食肆最大支出是人工。Marvin採取多兼職，少全職的策略。樓面、水吧多是兼職工人，廚房才有全職幫工。這種方式令食肆有更大彈性。不過，他補充兼職工人向心度和穩定性較低，尤其是年輕的伙記，會較難管理，在重要時刻，可能隨時不返工。對他來說，管理工人的穩定性是小型食肆最困難的事情。對此，Marvin認為小型食肆應有一個融洽的家庭式工作環境，勿事事對員工過份猜疑，這樣才可建立僱主與員工的互信關係。

誰最適合做食肆老闆？

問道Marvin什麼類型的人最適宜經營食肆，他頓了一頓，才笑說：「應該是那些非常喜歡思考和挑戰的人，應該那種喜歡砌模型的人吧。」砌模型與創業一樣是從無至有的過程，而小型食肆最大的風險正是要面對激烈的競爭，有意在飲食業闖的創業之士要多多思考，時刻研製過人的菜式和服務。

當年開業每月收支參考	
收入	150000
租金	15000
水電	5000
人工	20000
材料	50000
利潤	**60000**

發揚日本料理精神
積極裝備自己開舖頭

　　在銅鑼灣炮台山蜆殼街經營雪日本料理的李金恩先生，在行頭內甚有名氣，與他相熟的朋友都稱他恩師傅。李金恩曾於挪威三文魚食品創作比賽奪冠，當時挪威領使及國會議員更前來本港為恩師傅召開記者招待會，以茲表揚。李金恩認為日本料理不單是一種獨特的菜式，亦是一種藝術。他深信每位顧客踏入雪日本料理店舖都有一種說不出的歸屬感，一種像家的親切感覺，而在未來的日子，恩師傅會努力鑽研更新更美味的菜式給顧客品嘗，發揚雪日本料理的精神。在熱衷工作之餘，李金恩亦不忘積極裝備自己，他曾進修香港政府舉辦之衛生經理課程。

真實個案分析

由做裝修變做廚師

　　李金恩回想自己的入行經過：自幼生性活潑的他，求學時曾經感染破傷風而大病一場。痊癒後，有感自己對讀書不感興趣，便跟隨兄長做雲石雕刻工作。由於雲石雕刻工作沉悶，最後恩師傅便跟隨父親晉身裝修行業。適逢恩師傅姊夫的弟弟工作的日本料理店正需要大量人手協助；當時日本料理是一門吃香而又不是容易投身的行業，收入亦很可觀。李金恩一心只想多賺外快，於是便一口答應姊夫弟弟的要求。

　　每天由裝修工作完畢後，更要到日本料理店工作，前後十多小時，固中辛苦的確非筆墨能形容。一段時間過後，李金恩有感自己不能長期捱更抵夜，最終決定放棄裝修，選擇日本料理為自己的終身職業。

　　據李金恩透露，做日本料理工作，工作態度非常重要。無論在烹調食物上，甚至清潔工作每個細節，都要投入感情。他坦言自己也是因為在行內認識了不少朋友，自己的工作態度上獲得他們肯定，所以才不時在朋友介紹或推薦下，轉到其他聞名的日本料理店工作。李金恩曾在大和、水車屋等日本料理與及香格里拉酒店等當過大廚。期間更曾有朋友專誠由澳門來港，承邀他到澳門任大廚長達近一年之久；亦曾應相熟客人邀請到泰國洽談打理六仟呎日本料理店業務。

人生轉捩點
大板拜師學藝

　　李李金恩表示上述的工作經驗中，以在香格里拉酒店工作時的印象最為深刻；那裡也是他人生的轉捩點。恩師傅眼見酒店內對日式料理，無論是食物品質、烹調手法，以至陳設餐具的認真和執著，令他深受感動，繼而認真去反省自己對日本料理廚藝造詣。經過多翻深思熟慮後，李金恩決定放下香港高薪厚職工作，遠赴日本大板拜師學藝。

　　經過兩年多刻苦艱辛的正統訓練，李金恩回港後與友人合作投資日本料理生意。繼 1989 年與四名友人在中環德己立街合資清澆日本料理，李金恩在 1992 又與七名友人年於銅鑼灣蘭芳道合資關西日本料理。該店佔地 2,500 多呎店舖，月租 12 萬元。當時更有不少知名人士慕名而來光顧，生意相當不俗。恩師傅稍後更與另一位股東在北角威菲路道用三萬元租用一仟多呎店舖，開設山女魚日本料理。

　　據恩師傅解釋，山女魚原是日本用作烹調日本料理菜式的一種魚類。以山女魚這種日本魚的名字改為店名，足見恩師傅不單十分投入日本料理工作，甚至連改店舖名字也有深遠的意義，非常喜愛日本文化。

　　訪問期間，筆者不禁好奇問恩師傅現在所開設的雪日本料理名字從何得來時？李金恩解釋雪這名字是有雙重意義：「第一，為了多謝太太多年對自己的支持，店舖的名特別用了太太名『雪』字來改；女兒名字的『紫』字就用作餐紙的底色紫色以作留念。第二，雪字在日本亦可形容對日本懷念的景緻或人物。」由此可見恩師傅是個十分重感情的人。

真實個案分析

　　李金恩表示，要成功經營一門生意，除了要了解該行業外，還要懂得如何選擇理想的舖址位置。就現時的店舖位置來說，由於恩師傅的日本料理店不時有知名人士來光顧，為了乎合顧客要求，所以恩師傅便找來座落於銅鑼灣炮台山蜆殼街的店舖。這裡處於一個旺中帶靜的地點，對面更設有一個多層停車場，方便顧客泊車。

工欲善其事 必先利其器

　　有云「工欲善其事，必先利其器」，李金恩從事日本料理多年，十分重視良好人際關係。不論是顧客、徒弟、伙記，甚至食品供應商，都有如自己親人一樣般對待。李金恩招收徒弟會以品性良好為首要條件。他解釋：「作為一個廚師，如果行為不檢點，每天夜夜笙歌，沒有精神弄好菜式鑽研廚藝，這樣客人就不能吃到最美味的菜式。」對每位伙記，李金恩都視如瑰寶，決定每件事都會站於伙記的立場去設想，合作多年恩師傅從沒有過遲出糧給他們。食品供應商更是李金恩廿多年的老朋友，雙方來貨交易都是沒有期數限制。

　　李金恩亦有自己一套獨特的經營手法：為了方便顧客，除午市時間外，顧客在晚飯時間毋須依照餐牌點菜，只需在訂

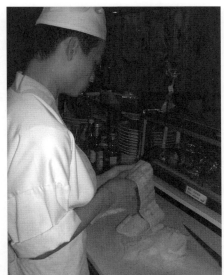

位入座後，恩師傅會為顧客預先準備豐富菜式，讓客人品嘗。同時，恩師傅非常注重健康，每逢時節都會用健康材料親手泡製特式時節食品，例如端午粽、毛豆月餅、柚子月餅、南瓜年糕、道明寺南瓜年糕等，免費送給顧客品嘗，以表對各客人的一番心意。

說到烹調日本料理，李金恩更是雀躍萬分，滔滔不絕。據恩師傅解釋，要做好日本料理，處理食物更是重要一環。一般食物須於零至四度下冷藏，保持新鮮。以下是恩師傅絡讀者們的食材處理貼士：

魚生	在清洗乾淨後，必需用乾淨的紙包好，再在外層多包一層保鮮紙
鵝肝	則用刀切成大小適中的份量，外層包一層保鮮紙
牛肉及扒類食物	採用同樣方法處理，但每天需要重覆工序，更換保鮮紙，要注意的是食物在烹調前需要在雪櫃內回溫
清酒類	只需放於陰涼乾爽的室溫下存儲即可

每月平均開支租金 33,000 元，水費 3,000 元，電費 5,000 元，煤氣費 4,000 元，員工薪金支出約 10 萬元，雜項支出（例如買貨）約六萬至七萬元，所以每日平均也要不少於 8,000 元的生意額。

教你小本經營
鮮果汁店
定位準確 專業形象

百多尺店舖，可以做什麼生意？最簡單的莫過於攪小食，不過小食店已成行成市，競爭好大，還有其他選擇嗎？當然有，果汁店更加容易經營，不用煮食認真乾手淨腳，清潔打理亦相當方便，最重要是生果本身成本低，榨汁後毛利卻翻幾翻，位於灣仔的綠田園就是好例子。

食勢：潮流講健康

傳統賣果汁的地方是生果店，榨汁的生果多是賣剩蔗，即是賣唔晒的，留下來掉又可惜，於是將之即榨果汁，眼看以為新鮮，實質可能是籮底橙。近年香港人愈來愈講求健康，令專營果汁生意的小型店舖大行其道，它們遍佈港九各地，特別集中在商業區，賺OL錢，灣仔的綠田園在英皇中心後面，附近有東方 168 商場及灣仔 298 電腦中心，人流算多，老闆 Ronald 及 Eric 當年租了一個百五尺舖位，月租$22,000元，即綠田園當年位置，而二人總投資則為廿萬。

辦公室 OL 自製健康果汁秘方

減肥水果汁

【功效】 減肥者最佳,對便祕、貧血有改善作用;並幫助兒童發育。

【材料】 香蕉、蕃茄各100克、小麥胚芽粉1大匙、牛奶100CC。

【做法】 香蕉去皮,和蕃茄等全部材料,放入果汁機攪拌後即可。

【說明】 含維他命A、B1、B2、B6、E、鈣、鎂、鐵、磷等礦物質。 適合女性、肥胖者、貧血、發育中孩童飲用。

潤膚美容果汁

【功效】 具滋潤美容皮膚之效果;對神經痛、腳氣等有緩和作用;強精、健胃。

【材料】 西洋芹100克、蘋果150克、檸檬1/2個、蜂蜜。

【做法】 將西洋芹、蘋果,放入榨汁機內榨汁,加入檸檬汁及蜂蜜調味即可。

【說明】 含維他命A、B2、C和鐵、鈣等礦物質。適合皮膚粗黑、雀斑多者、慢性疾病、貧血及精力不足,腸胃較差者飲用。

解氣提神蔬果汁

【功效】 強心、利尿、消腫;消除疲勞,幫助消化;預防種脈硬化、高血壓等症。

【材料】 生菜100克、西瓜200克、蜂蜜。

【做法】 將生菜及西瓜順序放入榨汁機內榨汁;完成後加入蜂蜜調味即可。

【說明】 含維他命A、B、C及多種礦物質、果酸及有機酸等。適合宿醉、精神不佳、腎疾,慢性病患者飲用。

防雀斑芹菜蔬果汁

【說明】 含維他命A、B1、B2、C、鐵、鈣、磷、鎂等。適合女性、男性、精力不足、熬夜工作者飲用。

【功效】 預防雀斑、日晒、皮膚粗糙具良好美容效果;增強精力、安定神經、對失眠有效。

【材料】 西洋芹100克、生菜50克、鳳梨100克、蘋果100克、檸檬1/2個、蜂蜜。

【做法】 將西洋芹、生菜、鳳梨、蘋果,順序放入榨汁機內榨汁;完成後加入檸檬及蜂蜜調味即可。

健康增肥香蕉牛奶汁

【功效】 便祕、貧血;使瘦者變胖;補充體力。

【材料】 香蕉200克、小麥胚芽粉1匙、蜂蜜、牛奶250CC。

【做法】 香蕉去皮切成小片,和蜂蜜、牛奶一起放入果汁機內攪拌;攪拌30秒後加入冰塊及一些糖水;再攪拌約10秒後倒出即可。

【說明】 含維他命B6、E、糖質、鈣等多種物質。適合女性、體力工作者、發育中青少年、想增胖者飲用。

開業平價促銷

老闆 Ronald 及 Eric 都是首次創業，Ronald 前一份工作是在富麗華酒店做水吧，Eric 則是建材 Sales，二人自然各有所長，Ronald 負責構思果汁混法，Eric 則負責賑目及入貨。綠田園開張時，雖然區內沒有同類形對手，但是兩位老闆都積極宣傳，派傳單不是他們的技倆，所用招數是低價促銷，想不到一杯木瓜汁只是$2，香蕉汁一樣是兩個「大洋」，Eric 坦言：「$2木瓜汁的確是沒有利錢，但卻收宣傳效用，後來木瓜汁是$4，香蕉汁依舊是$2。」一大疏蕉$5份，榨到3杯以上已有錢賺。

其後薄利多銷

由於舖租貴，又位於灣仔舊區，最初開張時綠田園採取薄利多銷策略，每杯果汁平均只是$5-$6，最貴的士多啤利乳酪也只是$9，定價在$10心理關口以下，而兩溝的果汁為$6-$7，火龍果益力多就是$7，這類兩溝果汁是Ronald的主意，每款都試過味而且確保不會攪肚才推出市面。店內果汁有50-60款，所有果汁都是鮮榨，而且不會加糖，一些需要甜的果汁如木瓜

汁、芒果汁、奇異果汁、士多啤梨汁等就會加入天然蜜糖，滿足港人追求健康的心理。綠田園也有做外賣生意，不過只佔總營業額兩成左右。

新增果盤獨市

開業兩個月後，區內開始有其他果汁店出現，面對激烈競爭，綠田園軍師 Ronald 想出了新主意，就是兼賣果盤，共有三種大小，小的$8，有三種鮮果，1人用；中的$12，4種鮮果，2人用；大的$38，6種鮮果，5-6人或開 Party 用，需要預訂，小和中的果盤天天款式不同，而且日日清，賣剩的會掉，保證新鮮。

開設果汁店需要一個果汁牌，專營非平裝飲料，牌費約$600一年，另外也要生果牌，才可以賣切開了的水果，取牌需時個半月，那時該店每月營業額有13-14萬元，連兩名股東共有5名全職員工，3人負責榨汁工作，每人每天工資$200，當年預計第三季才收資平衡，之後發展會找家200-300尺大一點的舖位。Ronald表示，經營這盤生意最困難的地方是人手時有流失，教識他們以後，他們好快又轉工。

創業金句

「做生意唔好抄襲，否則整壞個市，
大家攬住死；要有新點子才可刺激消費意欲。」

當年開業預算

200,000　租+機器+入貨

每月營業額:13-14萬元

第一筆支出

租金	$66,000 (3個月上期+1個月按金)
裝修	40,000 (連生財工具)
入貨	$55,000 (生果、配料及器皿)
其他	$45,000 (水電、雜費及流動支金)

平均利潤

租金	$22,000 (每月)
入貨	$55,000
人工	$25,000 (店主 + Part time)
雜費	$4,500 (燈油火蠟)
營業額	$140,000
利潤	**$33,500**

10人合資
中環蠔吧
高檔食品　平民消費

生蠔，一向是高檔食品；中環，也是高級食肆的集中地，想不到的是，在中環開蠔吧也可以小本經營，位於中環SOHO區附近的Oyster Station就是好例子，另外9位股東，十幾年前，當舖租還是很平的時候，每人投資四萬左右即可開業，不到一年就派了好幾次股息，比起在銀行存款更著數。

贏在選址有竅門

老闆徐國樑 Jesse 出身飲食世家，父親是佐敦道牛屋老闆，Jesse自少就幫手在樓面工作，一方面掌握煮食技巧，另一方面了解食客

心理。Jesse 接手餐廳後開始賣蠔，最初以大大隻的珍寶蠔為主打，發現客人一食就飽，於是引入歐洲蠔，但又有客人嫌細不抵食，最後 Jesse 想出一個方法，客人每食一隻珍寶蠔，就獲送一隻歐洲蠔，令牛屋漸漸打出名堂。可惜佐敦這種舊區，識食蠔的人有限，客源受制之下，不得不另起爐灶。

之後，他與9位志同道合的好友，合資開辦了 Oyster Station，該店位於上環半山必利者士街，是一條連接 SOHO 士丹頓街的倔頭巷，400尺左右面積，連吧台容得下18人左右，只做晚市生意，卻只需8個月就已經收資平衡，未來數月更會擴充營業，Oyster Station 成功原因很多，其中之一是租金平，當年每月只是$8,000，比起銅鑼灣、灣仔等平了三分之二，門外亦可免費泊車，加上地段偏靜，吸引了一批明星光顧，就連黎明、容祖兒都是座上客。

親切朋友Feel討客歡心

Oyster Station生意由Jesse、他女友和女友弟弟打理，其他股東少有參與，有股息派就是，Jesse表示，開業至今已派了4-5次股息，銀行存款每一萬元才有一元利息，Oyster Station股東卻有$300-400可觀的回報，成績這麼好，是因為 Jesse善於溝通，能夠和客人打成一片，留得住客。他會親自向客人介紹什麼時節食什麼的蠔，為什麼Belon 0000是蠔霸，久而久之大家成了好友，加上舖仔細細，客與客之間亦有交流對食蠔和飲酒的心得，能夠在溫暖氣氛下享受晚餐，客人十居其九都會翻尋味。

高檔食品 平民消費

不過要留得住客，進食環境和氣氛都是其次，最重要的是，食品一定要有超班水準。在牛屋經營賣蠔時，Jesse發現本地海鮮批發商的蠔，品質良莠不齊，後來他透過互聯網，聯絡到外地蠔灘，外地蠔灘再轉介本港代理給 Jesse 長期訂貨，Jesse 指出，訂蠔要款式多而數量少，這樣成本會高，要靠經驗取得平衡，Jesse 訂的6成大路貨，每款3至5打，4成冷門貨，每款1至兩打， 兩三天清貨，確保新鮮。記者親口試過，該店的生蠔

比起酒店的高班很多，原來酒店自助餐的蠔成本低，平均$2一隻，進口時已經開殼，拿出來給食客前經過解凍，食不完的蠔又會再雪，完全失去了蠔的鮮味。

選購生蠔小知識

第一件事就是檢查生蠔的重量，有重量的生蠔，代表蠔內仍有海水，即是新鮮。客人也可以輕力按一按生蠔的上蓋，新鮮的生蠔，蓋子會打開再自動合上，表示生蠔仍然生存，假如蓋子不懂得自行合上，即生蠔有機會死去。蠔手開蓋後，客人亦有方法檢查生蠔是否新鮮。第一，可看看生蠔肉末端的黑色部分，該部分有些茸毛，如果茸毛呈鬈曲狀，即生蠔非常新鮮，如茸毛是平直的，新鮮度只是一般。第二，可將檸檬汁滴在生蠔上，新鮮的生蠔，會輕微郁動，不動的生蠔，就相對沒有那麼新鮮了。

生蠔不僅肉嫩味鮮，而且營養豐富。據專家介紹，蠔素有「海中牛奶」之美譽，含有多種維生素、牛黃酸、肝糖及其它礦物質等多種營養成分。《本草綱目》記載，牡蠣肉「多食之，能細潔皮膚，補腎壯陽，並能治虛，解丹毒」。難怪古今中外不少名人雅士都與牡蠣結下不解之緣。據資料記載，拿破崙在征戰中喜食牡蠣以保持旺盛的戰鬥精力；中國名人宋美齡也經常食用牡蠣以保持其容顏美。食家提醒，吃過鮮蠔後，最好喝一杯菊花茶，這樣可以消膩。

「蘇豪」有意思

「蘇豪」乃英文Soho的譯音，而位於中環的蘇豪區，意思其實指 South Of Hollywood Road，即荷李活 道的南方。蘇豪區包括士丹頓街、些利街、伊利近街等，這集合多國佳餚美食與文化，已成為香港的旅遊景點之一。

生蠔品種及質感

基本質感
爽(Cucumbery)、甜(Mild sweet)、Creamy、大隻肥美(Plump)，帶海水鹹味(Salty)或有礦物味(Mineral)等。

法國 Belon
世界生蠔之王，爽脆的口感，鮮甜的滋味，澎湃的餘韻，只要吃過一次，保證你對貝隆生蠔的美味與震撼印象深刻。

法國 Bretagn
味鹹，蠔味十分濃。

法國 Cadoret
海水味淡，帶金屬味，但蠔味濃。

法國 Crense de Bretagne
味鹹，爽口的傳統法國口味。

法國 Fine de Claire
肉質有彈性，肥度適中，帶點榛果香味與甜味，可說是僅次於貝隆蠔(Belon)的高品質生蠔。

法國 Grand Motard
Size較細，爽口，海水味重。

法國 Hama Hama
少鹹，甜味如西瓜，10月當造時會較爽口。

法國 La Perle Blanche
又名白珍珠，肉質潔白，入口有海水味，愈食愈甜，極之爽口。

法國Perle Noire Cadoret
偏鹹，海水味濃，蠔味極鮮。

法國 St. Vaast
味鹹，法國名種蠔第二位，蠔裙邊緣爽口，口腔留有甘甜味。

英國 Colchester Belon
味甜，可媲美法國 Belon。

英國Bretonne
就是爽口及鮮甜無比。

愛爾蘭 Irish Rock
海水味較淡，爽身，入口甘甜，蠔身嘴位翹得高高的。

愛爾蘭 Irish Giaga
蠔苗，石蠔的一種。

日本 Iwagaki
深海野生蠔身形特大，長7吋。

美國 Astoria
十分Creamy，殼深肉厚，每隻至少有五吋長。

美國 Blad Eagle
身形大，肉身肥滿，味清甜易入口。

美國 Blue Point
Creamy，體積大，柔潤肥美，清甜鮮爽，海水味淡。

美國 Kumamoto
味淡

美國 Rockey Bay
Creamy，厚身肉滑，帶甜味。

美國 Samish Bay
奶油蠔霸，Creamy，肥美。

加拿大 Malpeque
溫和。

澳洲 Angas
Creamy。

澳洲 Coffin Bay
爽口，蠔裙邊緣特別爽，吃完口腔會帶青瓜味。

澳洲 Sydney Rock
味淡，礦物味重，after-taste長久。

澳洲 Tasmanian
先鹹後甜和帶青瓜味的，肉爽清甜，口感Creamy，海水味淡。

紐西蘭 Tolage
味濃，蠔裙爽口。

紐西蘭 Gold Surf Clam
第一啖有少少腥，但愈食愈甜，爽口

荷蘭Fines de Zelande
肉質微脆有彈性，肥度適中，帶點核果香味與甜味。

P.S.以上資料純粹參考網上資料，質感是應個人口味而有所不同。

Oyster Station 星期四的種類最齊，一直至星期天都會滿座，所有蠔是即叫即開，食的不只是鮮味，更夾雜著原產地的海水味。售價方面，比起跑馬地蠔吧及酒店的，平了三成，二人晚餐的話，五六百元都有交易，客人亦可帶酒來而不收開平費，這種量度又引來一批酒鬼，Jesse 坦言，店內的酒都是一般質素，客人來酒也無可厚非，提供小小著數，人客就會牢牢記住，久而久之又會成為熟客。「好多客都會請我飲，飲多了對酒也開始認識，未來入貨也有用。」

創業金句

「一時蝕底，賺得長遠。」

當年開業資料	
租金	$32,000
裝修	$250,000
入貨	$50,000
雜項	$5,000
流動資金	$35,000
總投資	**$372,000**

利潤	
營業額	$145,000
入貨	$60,000
人工	$40,000
租金	$8,000
雜項	2,000
利潤	**$30,000**

日式燒餅曾經
月賺$48,000
人做我唔做　獨市創潮流

市道低迷之下做生意，成功主要關鍵在於，如何二三百尺、空間有限的舖面內賺最多的錢，並以最短時間達致收支平衡，回想起全港首間日式燒餅(Okonomiyaki)店「噹噹燒」就做到以上這點，開業9個月就能夠回本，現時月賺$48,000，是「人做我唔做，殺出新血路」的最佳例子。

獨市生意引發商機

「噹噹燒」老闆Donald創業前有6年導遊及領隊經驗，某年一次帶隊時，初次接觸日式燒餅，當時他已有將之引入本地的念頭。帶團期間，他認識了一位來自大阪的前女朋友，並學會了基本日語，兩人不時到當地流行的日式燒餅店試食，發現所有顧客來自不同年齡，而且燒餅本身用油少、卡路里低，好適合追求健康的香港人。

其實，香港有不少日本料理都有日式燒餅提供，可惜只限於一兩個款式；日式雜茶燒餅是大阪特產，單在關西地區已有千多間專門店，但香港就一間都無，眼見壽司和拉面都可以成功引進，Donald決心開辦「噹噹燒」日式燒餅專門店。

商機出現了，還得做許多資料搜集及其他準備工作，在開業前，Donald花了兩年做以上工作，在這段時間積極儲蓄，在導遊工作當中，趁機到處找燒餅試食，大大話話是40多間燒餅店的常客。

真實個案分析

由揸旗到揸鑊鏟

一向揸旗帶隊的Donald不會揸鑊鏟，能成為燒餅師傅全靠他的誠意。日本人民族意識好強，好東西甚少外傳，日式燒餅亦不例外。Donald為以示誠意，一方面經常幫襯，另一方面以流利日語求教，表明自己是香港人，日本師傅見他有心學習，加上不是競爭對手，就樂意將平生絕學傳授。

日本燒餅店有三種，分別是家庭式、連鎖店式及大牌檔，它們有不同特色，要不斷嚐試才決定到將來香港燒餅的味道。燒餅製法容易，將面粉混成餅狀，放在鐵板5分鐘，再反轉等5分鐘即可，難就難在調校醬汁的技巧。

日式燒餅Okonomiyaki

Okonomiyaki 日文意思是隨你喜愛去燒，日本燒餅店的顧客會自選材料，然後自己燒製。燒餅有大阪和廣島兩種風味，分別是後者會採用日式炒面條，以上兩地的人視日式燒餅為正餐，而其他日本人則以Okonomiyaki為佐酒食品。

實地考察計人流

Donald做足功課之後，就回港實地考察。日式燒餅當時在本港是新事物，店舖地點人流要多，不過由於市道疲弱，很多人都一蝸蜂創業，以致好舖難尋，Donald花了個多月時間才找到位於尖東現址。

其實位於尖沙咀太陽廣場內，有家日本料理兼售燒餅，它是上樓店舖，Donald認為它威脅性有限，故此加強了開業的決心。開業前他親自在該地段數人流，日、午、晚各抽15分鐘，連續數兩星期，發現每段時間平均有600人次經過，即使租貴都值。噹噹燒面積只得三百多平方尺，只可容納16個座位，但當年租金卻$28,000一個月，Donald 9個月內就可以回本，可見生意真是淘淘不絕。

改菜單生意增5成

由於噹噹燒是本地首間日式燒餅店，所以開舖時引來傳媒追訪，開業首天更送出60個免費燒餅造成人潮和製造NOISE。生意有起有落，市道不景之下，尖東的辦公室愈來愈少，特別是日本公司，Donald試過上門派發宣傳單張，卻發現商廈十室五空，噹噹燒外賣生意亦自然有減無增，那年9月生意最差，比8月跌了4成，所有人一收工就回家吃飯，人流價值已不再存在。

為了走出困境， Donald從菜單方面入手。首先在下午茶時段(3：00pm至7：00pm)推出$68自助餐，二人同行的話，只收半價$34，可以任食任何一款燒餅及小食，雖然明知會蝕，但是Donald都照做，因為賺到的是另一樣更值錢東西：宣傳作用，客人試過好食之後，其他時段都會來幫

襯，因為燒餅本身售價不高，三數十元都有交易，加上一傳十，十傳百，香港人羊群心態作祟，就會到店舖一試「和」味燒餅。

晚市方面是飲食業的主打，Donald在這時段增加了8個燒餅套餐，有的連飲料，有的連小食，迎合不同人客口味，結果大受歡迎，結果年10月生意比9月激增5成。另外，最近情人節亦推出了情侶套餐，將燒餅切至心形。

如果食品不鮮，即使有以上生意頭腦，客人就不會「翻尋味」Donald深明此道，每天用不完的海鮮和粉漿都會掉棄，蔬菜最多存放一至兩天，凍肉則存一星期，而雪櫃內的冰就每天換三次，確保新鮮；而最重要的醬料和海鮮則由日本黑門市場直接入貨，Donald所用材料日日新鮮空運抵港，運費即使成為開資一部分，亦物有所值。口味方面，Donald亦在兩個地方下了苦功，第一是擺放了茄汁和燒汁，任由人客添加，滿足港人愛濃口味；第二是煎的時候，控制燒餅不可像日本當地的一樣lone身，因為港人會嫌熱氣而受不來。

復活節任食唔嬲

　　噹噹燒現時由4名員工輪流燒餅，並有廿多款燒餅可供選擇，而未到復活節，Donald已構思了新的促銷攻勢，就是大胃王任食計劃，食到一定數量可以免費，再多食的話就有錢分，詳情會於臨近過節時公布。

創業金句

「眼見好多朋友合伙攪生意，
最後都因錢財問題弄至不愉快收場，
甚至連朋友都失去埋，
獨立經營，一砌自己作主就無意見不合的問題。」

當年創業算盤

租金	$112,800 (3個月上期+1個月按金)
裝修	230,000 (連傢俬)
入貨	$50,000 (食物、酒、醬料及廚具等)
其他	$50,000 (煙罩及通風喉)

平均利潤

租金	$28,000 (每月)
入貨	$35,000(食物、酒、醬料及調味料等)
人工	$29,000 (2全職+1part time +店主)
雜費	$9800 (燈油火蠟)
營業額	$150,000
利潤	**$48,000**

私房茶座
開業即賺
平價包場+Friendly
Feel年青人鍾意

一家有飯食、有電視睇、有疏化坐、有飾物傢俬賣、又有塔羅牌玩的店舖，可能給你不倫不類、四不像的感覺，什麼都有得賣，是雜貨店嗎？這家 See U Then 所賣的產品確實是雜，深層的看，賣的是一種感覺，是位於銅鑼灣鬧市中的舒適感，這種 Home Feel 令該店第一個月就有錢賺，是淡市下的創業奇蹟。

多元式生意經營

See U Then 是一家二樓店舖，位於銅鑼灣時代廣場附近，舖址之前曾多次易手，做過不同生意，寵物店、髮廊、時裝店和 CD 舖等，都捱不下去，直到 Chris，Joanne，Anne 和 Kelvin 三位合伙人攬這間 See U Then，才有驕人成績。

他們卡片上的 JACK 字樣，就是4位老闆的英文名頭一個字母；4人各有所長，分別掌管 See U Then 中各種生意，Kelvin 和 Joanne 一向做開傢俬設計，店內傢具都是他們安排，客人睇中的話可以預訂，通常10日至兩星期起貨；Chirs曾在澳洲留學，有一手好廚藝，對日本菜、東南亞菜及鐵板燒有濃厚興趣，主要負責餐廳午餐、下午茶及晚餐；Anne(從事廣告)則負責四出搜羅精品飾物。又賣傢俬；又賣精品飾物；又是茶座，多元式生意經營，這個手法，難怪第一個月就有錢賺。

真實個案分析

Homemade住家菜

　　See U Then 的菜式都是住家菜，起初選擇不多，只得一張雙面印刷的菜單，一段時日之後，發覺要滿足不同顧客口味，所以菜式日漸增加，每月會有 Special，未來更考慮加入東南亞美食。不過Chris表示，See U Then 不是以食做賣點，所以非常歡迎客人在 Party 中帶自己的食物，如生日蛋糕或紅酒白酒等；但會收取切餅費和開瓶費。銅鑼灣幾好都有得食，提供舒適 Home Feel 的環境才是 See U Then 過人之處。

包場開P賺錢主要來源

除了可以視 See U Then 為一家 Home Café 之外，它還是一個 P場，提供包場服務，場中備有雜誌書籍、懷舊遊戲等等，開業至今，已被人包場攪過 Playstation 大賽、睡衣派對、萬聖節 Party、求婚 Party、滿月酒，就連三代同堂60大壽派對都有，需要的話，Chris 和幾位年青老闆可充當臨時簡單的主持。

包場時段一般由晚上七時開始，平均每個月有10-15個包場生意，幾乎兩日就有一個，Chris 表示，曾經試過一星期七晚都有人包，亦試過一晚前後有兩場 Party，而客人都是年青人為主，500呎地方最多可容納40人，包場一晚3個小時起約 $1,600左右，並未計食物及飲品，客人玩夜了就按鐘收費，每小時加 $200。

有數得計，假如開過25人的 Party，$1,600包場費，食物大概收$2,000，飲品以每杯計$18(一般檸檬茶)，25個人，平均一晚每人最少飲兩杯，這條數都有 $900，而通常開個 Party，多數都玩4-5個鐘，又多 $400加時收入。$1,600 + $2,000 + $900 + $400 = $4,900，還未計午市的生意，所以看準市場需求，你必定有錢賺。

真實個案分析

會員制留客

會員制是 See U Then 一個留客的方法，起初入會是免費的，由於不用錢得來，人客都不會珍惜，甚至愛理不理，現在收費是$30一年，

會員幫襯的話可免加一，除此之外，會員攬派對的話，See U Then 可代 call朋友前來出席，而派對影得的相亦可以電郵給會員。開業至今，See U Then 已有超過400名會員，其中6成是女士。

See U Then 賣的是 Home Feel，所以店員都會特別親切招呼，將顧客當成朋友看待，大家打成一片，有時更會互通 Email，久而久之，會員自然變成好友，也是熟客。會員制除了是留客的方法之外，也是成功開業的竅門，因為 See U Then 是以會所牌經營。申請會所牌，比申請食肆牌

簡單；在裝修方面，亦可簡便，而且以會所經營，不用開地鋪，在樓上鋪慢慢做起，開業成本大大減少，對初哥來說，有得搏。

成功關鍵：控制成本

　　See U Then 能夠在開業首月賺錢，關鍵在於有效地控制成本，店舖人手都是由4名少東輪流充當，也有一兩名 Part-time，裝修也自己一腳踢，花萬多元買料即成。「開業時是夏天，我們知道得3部冷氣有點勉強，但都不花多餘錢多購一部，因為想知道客人意見，熱到什麼程度，結果我們以第一個月賺得的錢買了新冷氣機。」Chris表示，可見他的精打細算。提及未來發展，Chris表示不會考慮開設分店，因為如果開分店，就要請人來經營，成本和風險高了；但就會找一個更大的舖位，讓客人更舒服。

創業金句

「控制成本之外，還要有經驗及好的Partner，知人善任，就能各展所長。」

當年開業資料

租金	$112,800 (3個月上期+1個月按金)
裝修	$30,000 (連傢俬)
入貨	$10,000 (食物、酒、醬料及廚具等)
其他	$30,000 (冷氣及流動資金)

平均利潤

租金	$25,000 (每月)
入貨	$10,000(食物、酒、醬料及調味料等)
人工	$40,000 (1part time+4店主)
雜費	$5000 (燈油火蠟)
營業額	$110,000
利潤	**$30,000**

筆記欄

Free note